# 智能机械自动化控制技术研究

王　涓　　戚　凯　　孙　浩◎著

中国原子能出版社

**图书在版编目(CIP)数据**

智能机械自动化控制技术研究 / 王涓,戚凯,孙浩著. --北京：中国原子能出版社,2024. 12. --ISBN 978-7-5221-3779-7

Ⅰ. TH164

中国国家版本馆 CIP 数据核字第 2024MW391 号

智能机械自动化控制技术研究

出版发行　中国原子能出版社(北京市海淀区阜成路 43 号　100048)
责任编辑　王　蕾
责任印制　赵　明
印　　刷　北京九州迅驰传媒文化有限公司
经　　销　全国新华书店
开　　本　787 mm×1092 mm　1/16
印　　张　14.5
字　　数　192 千字
版　　次　2024 年 12 月第 1 版　　2024 年 12 月第 1 次印刷
书　　号　ISBN 978-7-5221-3779-7　　定　　价　78.00 元

# 前言

随着科技的迅猛发展，智能机械自动化控制技术已成为现代工业生产中的关键组成部分。这一技术通过集成计算机科学、人工智能、机器人技术等多个领域的知识，实现了对生产过程的精确、高效和智能化控制。在当前全球经济一体化和制造业竞争加剧的背景下，智能机械自动化控制技术不仅提高了生产效率，还极大地提升了生产质量和灵活性，为企业带来了经济效益。

在当今全球化竞争日益激烈的背景下，提高生产效率、降低生产成本、提升产品质量成为企业生存和发展的关键。智能机械自动化控制技术以其高度的自动化、智能化和灵活性，能够有效地满足这些需求。通过自动化的生产流程，不仅可以减少人工操作带来的误差和不确定性，还能大幅提高生产速度和产能。同时，智能化的控制系统可以实时监测和调整生产过程，确保产品质量的稳定性和一致性。

近年来，传感器技术、人工智能、大数据分析等新兴技术的不断涌现，为智能机械自动化控制技术的发展带来了新的机遇和挑战。传感器技术的进步使得机械设备能够更加准确地感知周围环境和自身状态，为自动化控制提供更加丰富和准确的信息。人工智能的应用则使得机械设备具备了学习和决策的能力，能够根据不同的生产情况自动调整控制策略，实现更加智能化的生产。大数据分析技术可以对大量的生产数据进行挖掘和分析，为优化生产过程、预测设备故障等提供有力的支持。

此外，智能机械自动化控制技术在提高生产安全性、减少能源消耗、保护环境等方面也具有重要的意义。自动化的生产过程可以减少工人在危险环境中的暴露，降低事故发生的风险。通过优化控制策略，可以实现能源的高效利用，减少能源浪费。同时，智能机械自动化控制技术还可以促进绿色制造的发展，减少对环境的污染。

智能机械自动化控制技术的发展不仅关乎技术进步，更关乎经济社会的可持续发展。我们希望通过本文的探讨，能够为相关领域的研究人员和从业人员提供有益的参考和启示，共同推动智能机械自动化控制技术的不断前进，为社会创造更大的价值。

在撰写本书的过程中，作者查阅和借鉴了大量的相关资料，在此向其作者表示诚挚的感谢。此外，本书的撰写也得到了相关专家和同行的支持与帮助，在此一并致谢。由于作者水平有限，加之时间仓促，书中难免出现纰漏，敬请广大读者批评指正。

# 目录

# 第一章　自动化控制技术概述

## 第一节　电气工程及其自动化

电气工程及其自动化专业是电气信息领域的一门新兴学科，也是一门专业性很强的学科，主要研究在工程中如何对电进行管理。它的研究内容主要涉及工程中的供电设计、自动控制、电子技术、运行管理、信息处理与计算机控制等技术。

控制理论和电力网理论是电气工程及自动化专业的基础，电力电子技术、计算机技术则为其主要技术手段，同时也包含了系统分析、系统设计、系统开发以及系统管理与决策等研究领域。该专业的特点在于“四个结合”，即强电和弱电结合、电工技术和电子技术结合、软件和硬件结合、元件和系统结合。

长期以来，我国在 CIMS、自动控制、机器人产品、专用集成电路等方面有了长足的进步。例如“基于微机环境的集成化 CAPP 应用框架与开发平台”开发了以工艺知识库为核心的、以交互式设计模式为基础的综合智能化 CAPP 开发平台与应用框架，推出金叶 CAPP、同方 CAPP 等系列产品。具有支持工艺知识建模和动态知识获取、各类工艺的设计与信息管理、产品工艺信息共享、支持特征及创成工艺决策等功能，并提供工艺知识库管理、工艺卡片格式定义等应用支持工具和二次开发工具。系统开放性好，易于扩充和维护。产品已在全国的企业，特别是 CIMS 示范工程企业，推广应用，还研制了自动控制装置及系列产品，红外光电式安全保护装置，大功率、高品质开关电源等。机器人产品包括移动龙门式自动喷涂机、电动喷涂机器人、柔性仿形自动喷涂机、往复式喷涂机、自动涂胶机器人、框架式机器人、搬运机器人、弧焊机器人。在国外先进技术的冲击下，我国仍须从各个方面进行新一轮技术重组，形势是严峻的，但同时也充满机遇。

所谓的电气自动化，是指通过对继电器、感应器等电气元件的利用，借以实现对时间和顺序的控制。而其他如一些伺服电机或仪表，会将外界环境的变化反馈到内部，从而导致输出量产生变化，继而达到稳定的目的。

## 一、电气工程及其自动化技术的概述

电气工程及其自动化技术与生活是息息相关的，已经渗透到我们生活的方方面面。

电气工程及其自动化是以电磁感应定律、基尔霍夫电路定律等电工理论为基础，研究电能的产生、传输、使用及其过程中涉及的技术和科学问题。电气工程中的自动化涉及电力电子技术、计算机技术、电机电器技术信息与网络控制技术、机电一体化技术等诸多领域，其主要特点是强弱电结合、机电结合、软硬件结合。电气工程及其自动化技术主要以控制理论、电力网理论为基础，以电力电子技术、计算机技术为主要技术手段，同时也涉及了系统分析、系统设计、系统开发以及系统管理与决策等研究领域。控制理论是建立在现代数学、自动控制技术、通信技术、电子计算机、神经生理学诸学科基础上，由维纳等科学家精炼和提纯而形成的边缘科学。它主要研究信息的传递、加工、控制的一般规律，并将其理论用于人类活动的各个方面；将控制理论和电力网理论相结合，应用于电气工程中。这有利于提高社会生产率和工作效率、节约能源和原材料消耗，同时也能改进生产工艺，减轻体力、脑力劳动等。

在实际的电气工程及其自动化技术的设计中，应该从硬件和软件两个方面来进行考虑，通常情况下，都是先进行硬件的设计，根据实际的工业控制需要，针对性地选择电子元器件，首先应该设置一个中央服务器，并采用先进的计算机作为系统的核心，然后选择外围的辅助设备，如传感器、控制器等，通过线路的连接，组建成一个完整的系统。在实际的设计时，除了要遵循理论上的可行外，还应该注意现实中的可行性。由于生产线是已经存在的，自动化控制系统的设计，必须在不改变生产线的基础上进行，对硬件设备的安装有很高的要求，如果设备的体积较大，就可能影响正常的加工，要想使设计的控制系统能够稳定工作，设计人员必须进行实地考察，然后结合实际情况，对设备的型号进行确定。在硬件设计完成之后，还要进行软件系统的设计，目前市面上有很多通用的自动化控制系统软件，但是为了最大限度地提高自动化水平，企业通常都会选择一些软件公司，根据硬件安装和企业生产等情况，进行针对性的软件设计。

## 二、电气工程及其自动化的应用分析

### (一)电气工程及其自动化技术应用理论

电气工程及其自动化技术是随着工业的发展，而逐渐形成的一门学科，从某种意义上来说，电气工程及其自动化技术，是为了满足实际生产的需要，在传统的工业生产中，采用的主要是人工的方式，虽然机械设备出现后，人们可以操控机器来进行生产，极大地提高了生产的效率。但是随着经济的发展速度加快，对产品的需求量越来越大，在这种背景下，仅仅依靠操作机器的生产方式，已经无法满足市场的需要，必须进一步提高生产效率，为了达到这个目的，很多企业都实行了二十四小时生产，通过实际调查发现，采用这样的生产方式，虽然机器可以不停运转，但是操作人员却需要足够的时间休息，因此必须增加企业的员工，这样就提高了生产成本，在市场竞争越来越激烈的今天，企业要想获得更好的效益，必须对生产的成本进行控制，于是有人提出了让机器自行运转的概念，这就是自动化技术。

### (二)电气工程及其自动化技术在智能建筑中的应用

#### 1. 防雷接地

雷电灾害给我国的通信设备、计算机、智能系统、航空等领域造成了巨大的损失，因此，在智能建筑建设中也要十分注意雷电灾害，利用电气工程及其自动化技术，将单一防御转变为系统防护，所有的智能建筑接地功能都必须以防雷接地系统为基础。

2. 安全保护接地

智能建筑内部安装了大量的金属设备，以实现数据处理，满足人们多方面的需求，这些金属设备对建筑的安全性提出了挑战，因此，在智能建筑中运用电气工程及其自动化技术，为整个建筑装上必要的安全接地装置，降低电阻，防止电流外泄，这样便能够很好地避免金属设备绝缘体破裂后发生漏电现象，保证人们的生命财产安全。

3. 屏蔽接地与防静电接地

运用电气工程及其自动化技术，在进行建筑设计时，要十分注意电子设备在阴雨或者干燥天气产生的静电，并及时做好防静电处理，防止静电积累对电子设备的芯片以及内部造成损坏，使得电子设备不能正常运转。设计师将电子设备的外壳和 PE 线进行连接可以有效地防止静电，屏蔽管路的两端和 PE 线的可靠连接可以实现导线的屏蔽接地。

4. 直流接地

智能建筑需要依靠大量的电子通信设备、计算机等电脑操作系统进行信息的输出、转换与传输，这些过程都需要利用微电流和微电位来执行，需要耗费大量的电能，也容易造成电气灾害。在大型智能建筑中应用电气工程及其自动化技术，可以为建筑提供一个稳定的电源和电压，以及基准电位，来保证这些电子设备能够正常使用。

### （三）强化电气工程及其自动化的应用措施

1. 强化数据传输接口建设

在应用电气工程自动化系统的时候，数据传输功能发挥着至关重要的作用，一定要高度重视。只有提高系统数据传输的稳定性、快捷性、高效性与安全性，才可以保证系统运行的有效性。在进行数据传输强化的时候，一定要重视数据传输接口的建设，这样才可以保证数据传输的高效、安全。在建设数据传输接口的时候，一定要重视其标准化，利用现代技术处理程序接口问题，并且在实际操作中进行程序接口的完美对接，降低数据传输的时间与费用，提高数据传输的高效性与安全性，实现电气工程自动化的全面落实。

2. 强化技术创新，建立统一系统平台，节约成本

电气工程自动化是一门比较综合化的技术，要想实现其快速发展，就一定要加强对技术的投入，突破技术瓶颈，确保电气工程自动化的有效实现。所以，在进行建设与发展电气工程自动化的时候，一定要加强系统平台的建设，结合不同终端用户的需求，对自身运行特点展开详细的分析与研究，在统一系统平台中展开操作，满足不同终端用户的实际需求。由此可以看出，建立统一系统平台，是建设与发展电气工程自动化的首要条件，也是必要需求。

3. 加强通用型网络结构应用的探索

在电气工程自动化建设与发展过程中，通用型网络结构发挥着举足轻重的作用，占据了十分重要的地位，可以有效加强生产过程的管理与技术监控，并可对设备进行一定的控制，在统一系统平台中，可以有效提高工作效率，保证工作可以更加快捷地完成，同时增强工作安全性。

## 第二节 自动控制基础

### 一、控制理论的发展

自动控制是指应用自动化仪器仪表或自动控制装置代替人自动地对仪器设备或工业生产过程进行控制，使之达到预期的状态或性能指标。

(一)经典控制理论

自动控制理论是与人类社会发展密切联系的一门学科，是自动控制

科学的核心。特点是以传递函数为数学工具,采用频域方法,主要研究单输入单输出线性定常控制系统的分析与设计,但它存在着一定的局限性,即对多输入多输出系统不宜用经典控制理论解决,特别是对非线性时变系统更是无能为力。

(二)现代控制理论

随着20世纪40年代中期计算机的出现及其应用领域的不断扩展,促进了自动控制理论朝着更为复杂也更为严密的方向发展,特别是在可控性和可观测性概念以及极大值理论提出的基础上,在20世纪五六十年代开始出现了以状态空间分析(应用线性代数)为基础的现代控制理论。

现代控制理论本质上是一种时域法,其研究内容非常广泛,主要包括三个基本内容:多变量线性系统理论、最优控制理论,以及最优估计与系统辨识理论。现代控制理论从理论上解决了系统的可控性、可观测性、稳定性以及许多复杂系统的控制问题。

(三)智能控制理论

但是,随着现代科学技术的迅速发展,生产系统的规模越来越大,形成了复杂的大系统,导致了控制对象控制器以及控制任务和目的的日益复杂化,从而导致现代控制理论的成果很少在实际中得到应用。经典控制理论、现代控制理论在应用中遇到了不少难题,影响了它们的实际应用,其主要原因有三:

第一,精确的数学模型难以获得。此类控制系统的设计和分析都是建立在精确的数学模型的基础上的,而实际系统由于存在不确定性、不完全性、模糊性、时变性、非线性等因素,一般很难获得精确的数学模型。

第二,假设过于苛刻。研究这些系统时,人们必须提出一些比较苛刻的假设,而这些假设在应用中往往与实际不符。

第三,控制系统过于复杂。为了提高控制性能,整个控制系统变得极为复杂,这不仅增加了设备投资,也降低了系统的可靠性。

第三代控制理论即智能控制理论就是在这样的背景下提出来的,它是人工智能和自动控制交叉的产物,是当今自动控制科学的出路之一。

## 二、自动控制理论的发展

自动控制理论是研究自动控制共同规律的技术科学。它的发展初期，是以反馈理论为基础的自动调节原理，主要用于工业控制。

20世纪60年代初期，随着现代应用数学新成果的推出和电子计算机的应用，为适应宇航技术的发展，自动控制理论跨入了一个新的阶段——现代控制理论。它主要研究具有高性能、高精度的多变量变参数的最优控制问题，主要采用的方法是以状态为基础的状态空间法。目前，自动控制理论还在继续发展，正向以控制论、信息论、仿生学为基础的智能控制理论深入。

自动控制系统是在无人直接参与下可使生产过程或其他过程按期望规律或预定程序进行的控制系统。自动控制系统是实现自动化的主要手段，简称自控系统。随着工业自动控制系统装置制造行业竞争的不断加剧，大型工业自动控制系统装置制造企业间并购整合与资本运作日趋频繁，国内优秀的工业自动控制系统装置制造企业越来越重视对行业市场的研究，特别是对产业发展环境和产品购买者的深入研究。主要介绍了电气传动控制系统所需要的自动控制原理中的基本内容，自动控制系统的分析与校正，闭环直流调速系统，可逆直流调速系统，直流脉宽调速系统，位置随动系统，交流调速系统中的变频调速、矢量控制等新技术，同时结合工程实际，介绍了变频器的使用技术。

中国的工业自动化市场主体主要由软硬件制造商、系统集成商、产品分销商等组成。在软硬件产品领域，中高端市场几乎全部由国外名品牌产品垄断，并仍将维持此种局面；在系统集成领域，跨国公司占据制造业的高端，具有深厚行业背景的公司在相关行业系统集成业务中占据主动，具有丰富应用经验的系统集成公司充满竞争力。

在工业自动化市场，供应和需求之间存在错位。客户需要的是完整的能满足自身制造工艺的电气控制系统，而供应商提供的是各种标准化器件产品。行业不同，电气控制的差异非常大，甚至同一行业客户因各自工艺的不同导致需求也有很大差异。这种供需之间的矛盾为工业自动化行业创造了发展空间。

中国拥有世界最大的工业自动控制系统装置市场,传统工业技术改造、工厂自动化、企业信息化需要大量的工业自动化系统,市场前景广阔。工业控制自动化技术正在向智能化、网络化和集成化方向发展。

随着工业自动控制系统装置制造行业竞争的不断加剧,大型工业自动控制系统装置制造企业间并购整合与资本运作日趋频繁,国内优秀的工业自动控制系统装置制造企业越来越重视对行业市场的研究,特别是对产业发展环境和产品购买者的深入研究。

由于计算机技术的发展,使微计算机控制技术在制冷空调自动控制的应用越来越普遍。计算机控制过程可归纳为实时数据采集、实时决策和实时控制三个步骤。这三个步骤不断地重复进行就会使整个系统按照给定的规律进行控制、调节。同时,也对被控参数及设备运行状态、故障等进行监测、超限报警和保护,记录历史数据等。

应该说,计算机控制在控制功能如精度、实时性、可靠性等方面是模拟控制所无法比拟的。更为重要的是,由于计算机的引入而带来的管理功能(如报警管理、历史记录等)的增强更是模拟控制器根本无法实现的。因此,在制冷空调自动控制的应用上,尤其在大中型空调系统的自动控制中,计算机控制已经占有主导地位。分为直接数字控制和集散型系统控制。

所谓直接数字控制是以微处理器为基础、不借助模拟仪表而将系统中的传感器或变送器的测量信号直接输入到微型计算机中,经微机按预先制的程序计算处理后直接驱动执行器的控制方式,简称 DDC。这种计算机称为直接数字控制器,简称 DDC 控制器。DDC 控制器中的 CPU 运行速度很快,并且其配置的输入输出端口(I/O)一般较多。因此,它可以同时控制多个回路,相当于多个模拟控制器。DDC 控制器具有体积小、连线少、功能齐全、安全可靠、性价比高等特点。

集散型控制系统 Total Distribute Control System 缩写为 TDCS。与

过去传统的计算机控制方法相比,它的控制功能尽可能分散,管理功能尽可能集中。它是由中央站、分站、现场传感器与执行器三个基本层次组成。中央站和分站之间,各分站之间通过数据通信通道连接起来。分站就是上述以微处理器为核心的 DDC 控制器。它分散于整个系统各个被控设备的现场,并与现场的传感器及执行器等直接连接,实现对现场设备的检测与控制。中央站实现集中监控和管理功能,如集中监视、集中启停控制、集中参数修改、报警及记录处理等。可以看出,集散型控制系统的集中管理功能由中央站完成,而控制与调节功能由分站即 DDC 控制器完成。

# 第三节 自动控制系统

## 一、自动控制系统的组成

自动控制系统是在无人直接参与下,可使生产过程或其他过程按期望规律或预定程序进行的控制系统。自动控制系统是实现自动化的主要手段。按控制原理的不同,自动控制系统分为开环控制系统和闭环控制系统。在开环控制系统中,系统输出只受输入的控制,控制精度和抑制干扰的特性都比较差。开环控制系统中,基于按时序进行逻辑控制的称为顺序控制系统;由顺序控制装置、检测元件、执行机构和被控工业对象所组成。主要应用于机械、化工、物料装卸运输等过程的控制以及机械手和自动生产线。闭环控制系统是建立在反馈原理基础之上的,利用输出量同期望值的偏差对系统进行控制,可获得比较好的控制性能。闭环控制系统又称反馈控制系统。

为了达到自动控制的目的,由相互制约的各个部分,按一定的要求组成的具有一定功能的整体称为自动控制系统。它是由被控对象、传感器(及变送器)、控制器和执行器等组成。例如,室温自动控制系统的被控对象为恒温室,传感器为温度传感器,控制器为温度控制器,执行器为电动调节阀。

从总体上看，自动控制系统的输入量有两个，即给定值和干扰，输出量有一个，即被控变量。因此，控制系统受到两种作用，即给定作用和干扰作用。系统的给定值决定系统被控变量的变化规律。干扰作用在实际系统中是难以避免的，而且它可以作用于系统中的任意部位。通常所说的系统的输入信号是指给定值信号，而系统的输出信号是指被控变量。输入给定值这一端称为系统的输入端，输出被控变量这一端称为输出端。

从信号传递的角度来说，自动控制系统是一个闭合的回路，所以称为闭环系统。其特点是自动控制系统的被控变量经过传感器又返回到系统的输入端，即存在反馈。显然，自动控制系统中的输入量与反馈量是相减的，即采用的是负反馈，这样才能使被控变量与给定值之差消除或减小，达到控制的目的。闭环系统根据反馈信号的数量分为单回路控制系统和多回路控制系统。

在自动控制系统中，被控对象的输出量即被控量是要求严格加以控制的物理量，它可以要求保持为某一恒定值，例如温度、压力或飞行轨迹等；而控制装置则是对被控对象施加控制作用的相关机构的总体，它可以采用不同的原理和方式对被控对象进行控制，但最基本的一种是基于反馈控制原理的反馈控制系统。

在反馈控制系统中，控制装置对被控装置施加的控制作用，是取自被控量的反馈信息，用来不断修正被控量和控制量之间的偏差，从而实现对被控量进行控制的任务，这就是反馈控制的原理。

下面以自动分拣系统为例介绍一下自动控制系统各个组成部分的主要功能。

自动分拣系统一般由自动控制和计算机管理系统、自动识别装置、分类机构、主输送装置、前处理设备及分拣道口组成。

(一)自动控制和计算机管理系统

自动控制和计算机管理系统是整个自动分拣系统的控制指挥中心，分拣系统的各部件的一切动作均由控制系统决定，其作用是识别、接收和处理分拣信号，根据分拣信号指示分类机构按一定的规则（如品种、地点等）对物料进行自动分类，从而决定物料的流向。

分拣信号来源可通过条形码扫描、色码扫描、键盘输入、质量检测，语音识别、高度检测及形状识别等方式获取，经信息处理后，转换成相应的拣货单、入库单或电子拣货信号，自动分拣作业。

自动控制系统的主要功能如下：

①接受分拣目的地地址，可由操作人员经键盘或按钮输入，或自动接收；

②控制进给台，使物料按分拣机的要求迅速准确地进入分拣机；

③控制分拣机的分拣动作，使物料在预定的分拣口迅速准确地分离出来；

④完成分拣系统各种信号的检测监控和安全保护。

计算机管理系统主要对分拣系统中的各种设备运行情况数据进行记录、检测和统计，用于分拣作业的管理及分拣作业和设备的综合评价与分析。

（二）自动识别装置

物料能够实现自动分拣的基础是系统能够对物料进行自动识别。在物流配送中心，广泛采用的自动识别系统是条形码系统和无线射频系统。条码自动识别系统的光电扫描器安装在分拣机的不同位置，当物料在扫描器可见范围时，自动读取物料包装上的条码信息，经过译码软件即可翻译成条码所表示的物料信息，同时感知物料在分拣机上的位置信息，这些信息自动传输到后台计算机管理系统。

（三）分类机构

分类机构是指将自动识别后的物料引入分拣机主输送线，然后通过分类机构把物料分流到指定的位置。分类机构是分拣系统的核心设备。分类的依据主要有：

①物料的形状、质量、特性等；②用户、订单和目的地。

当计算机管理系统接收到自动识别系统传来的物料信息以后，经过系统分析处理，给物料产生一个目的位置，于是控制系统向分类机构发出控制指令，分类机构接受并执行控制系统发来的分拣指令并在恰当的时刻产生分拣动作，使物料进入相应的分拣道口。由于不同行业、不同部门对分拣系统的尺寸、质量、外形等要求都有很大的差别，对分拣方式、分拣速度、分拣口的数量等的要求也不尽相同，因此分类机构的种类很多，可根据实际情况，采用不同的前处理设备和分拣道口。

（四）主输送装置

主输送装置的作用是将物料输送到相应的分拣道口，以便进行后续作业，主要由各类输送机构成，又称主输送线。

（五）前处理设备

前处理设备是指分拣系统向主输送装置输送分拣物料的进给台及其他辅助性的运输机和作业台等。进给台的功能有两个：一是操作人员利用输入装置将各个分拣物料的目的地址送入分拣系统，作为该物料的分拣作业指令；二是控制分拣物料进入主输送装置的时间和速度，保证分类机构能准确地进行分拣。

（六）分拣道口

分拣道口也称分流输送线，是将物料脱离主输送线使之进入相应集货区的通道，一般由钢带、传送带、滚筒等组成滑道，使物料从输送装置滑向缓冲工作台，然后进行入库上架作业或配货作业。

上述 6 个主要部分在控制系统的统一控制下，分别完成不同的功能，各机构间协同作业，构成一个有机系统，完成物料的自动分拣过程。

## 二、自动控制系统的分类

按控制原理的不同，自动控制系统分为开环控制系统和闭环控制系统。

（一）开环控制系统

在开环控制系统中，系统输出只受输入的控制，控制精度和抑制干扰的特性都比较差。开环控制系统中,基于按时序进行逻辑控制的称为顺序控制系统;由顺序控制装置、检测元件、执行机构和被控工业对象所组成。主要应用于机械、化工、物料装卸运输等过程的控制以及机械手和生产自动线。

(二)闭环控制系统

闭环控制系统是建立在反馈原理基础之上的,利用输出量同期望值的偏差对系统进行控制,可获得比较好的控制性能。闭环控制系统又称反馈控制系统。

按给定信号分类,自动控制系统可分为恒值控制系统、随动控制系统和程序控制系统。

(三)恒值控制系统

给定值不变,要求系统输出量以一定的精度接近给定希望值的系统。如生产过程中的温度、压力、流量、液位高度、电动机转速等自动控制系统属于恒值系统。

(四)随动控制系统

给定值按未知时间函数变化,要求输出跟随给定值的变化。如跟随卫星的雷达天线系统。

(五)程序控制系统

给定值按一定时间函数变化。如程控机床。

## 三、自动控制系统的结构

为完成控制系统的分析和设计,首先必须对控制对象、控制系统结构有个明确的了解。一般,可将控制系统分为两种基本形式:开环控制系统和闭环(反馈)控制系统。

(一)开环控制系统

开环控制系统是一种最简单的控制方式,在控制器和控制对象间只有正向控制作用,系统的输出量不会对控制器产生任何影响。在该系统中，对于每一个输入量，就有一个与之对应的工作状态和输出量，系统的精度仅取决于元器件的精度和特性调整的精度。这类系统结构简单，成本低，容易控制，但是控制精度低，因为如果在控制器或控制对象上存在干扰，或者由于控制器元器件老化，控制对象结构或参数发生变化，均会导致系统输出的不稳定，使输出值偏离预期值。正因为如此，开环控制系统一般适用于干扰不强或可预测，控制精度要求不高的场合。

（二）闭环控制系统

如果在控制器和被控对象之间，不仅存在正向作用，而且存在着反向的作用，即系统的输出量对控制量具有直接的影响，那么这类控制称为闭环控制，将检测出来的输出量送回到系统的输入端，并与输入信号比较，称为反馈。因此，闭环控制又称为反馈控制。

在控制系统中，反馈的概念非常重要。如果将反馈环节取得的实际输出信号加以处理，并在输入信号中减去这样的反馈量，再将结果输入到控制器中去控制被控对象，我们称这样的反馈为负反馈；反之，若由输入量和反馈量相加作为控制器的输入，则称为正反馈。

在一个实际的控制系统中，具有正反馈形式的系统一般是不能改进系统性能的，而且容易使系统的性能变坏，因此不被采用。而且有负反馈形式的系统，它通过自动修正偏离量，使系统趋向于给定值，并抑制系统回路中存在的内扰和外扰的影响，最终达到自动控制的目的。通常，反馈控制就是指负反馈控制。与开环系统比较，闭环控制系统的最大特点是检测偏差，纠正偏差。从系统结构上看，闭环系统具有反向通道，即反馈；其次，从功能上看，①由于增加了反馈通道，系统的控制精度得到了提高，若采用开环控制，要达到同样的精度，则需高精度的控制器，从而大大增加了成本；②由于存在系统的反馈，可以较好地抑制系统各环节中可能存在的扰动和由于器件的老化而引起的结构和参数的不稳定性；③反馈环节的存在，同时可较好地改善系统的动态性能。当然，如果引入不适当的反馈，如正反馈，或者参数选择不恰当，不仅达不到改善系统性能的目的，甚至会导致一个稳定的系统变为不稳定的系统。

指令电位器和反馈电位器组成的桥式电路是测量比较环节，其作用就是测量控制量——输入角度和被控制量——输出角度，变成电压信号合并相减，产生偏差电压。

当负载的实际位置与给定位置相符时，则电动机不转动。当负载的实际位置与给定位置不相符时，和也不相等，产生偏差电压。偏差电压经过放大器放大，使电动机转动，通过减速器移动负载 L，使负载 L 和反馈电位器向减少偏差的方向转动。

### 四、自动控制的应用

自动控制系统已被广泛应用于人类社会的各个领域。

在工业方面，对于冶金、化工、机械制造等生产过程中遇到的各种物理量，包括温度、流量、压力、厚度、张力、速度、位置、频率、相位等，都有相应的控制系统。在此基础上通过采用数字计算机还建立起了控制性能更好和自动化程度更高的数字控制系统，以及具有控制与管理双重功能的过程控制系统。在农业方面的应用包括水位自动控制系统、农业机械的自动操作系统等。

在军事技术方面，自动控制的应用实例有各种类型的伺服系统、火力控制系统、制导与控制系统等。在航天、航空和航海方面，除了各种形式的控制系统外，应用的领域还包括导航系统、遥控系统和各种仿真器。

此外，在办公室自动化、图书管理、交通管理乃至日常家务方面，自动控制技术也都有着实际的应用。随着控制理论和控制技术的发展，自动控制系统的应用领域还在不断扩大，几乎涉及生物、医学、生态、经济、社会等所有领域。

## 第四节　自动控制系统的网络结构和网络通信

网络的发展，为自动化控制的发展和应用提供了更广阔的空间。

## 一、自动化控制系统的网络结构

从现场级到生产控制级，再到公司管理层网络结构可采用多种不同类型的网络来设计，目前用到最多的就是工业以太网，现场级大多采用Profibus网络，Profinet网络（是把以太网和Profibus结合于一体）是新开发的一种现场级网络，在将来会逐步代替Profibus网络，而现场级以上的三层控制系统大都采用以太网。以太网在自动化控制系统中扮演着很重要的角色。基础自动化系统中的现场级网络采用Profibus（使用最为广泛）或Profinet是目前最流行和实用的两种网络。但是Profinet网络比Profibus网络优越很多，因为Profinet就是基于以太网的，因此，Profinet是后来居上。

现场级以上的控制系统采用工业以太网，每一级的工业以太网都可以采用不同的结构，如：环形结构、树形结构等。所有以太网接口的设备都可以通过交换机、集线器和路由器等连接到以太网网络之中。为了保证网络畅通和系统的稳定性和可靠性，建议所有的控制系统采用环形网络或者做冗余系统。

## 二、自动化系统的以太网网络通信

### （一）PLC与PLC之间的以太网通信

这里以S7－300/400系列的PLC为例。PLC之间可采用S7通信、S5T容通信（包括ISO协议、TCP协议、ISO－on－TCP协议等），下面介绍几种常用的通信方法。

所需硬件：2套S7－300系统（包括电源模块PS307、S7－300PLC、以太网通信模块CP343$^{-1}$）、PC机、以太网通信网卡CP1613以及连接电缆。所需软件：STEP7。

①S7通信使用STEP7软件进行硬件组态和网络组态（建立S7连接）以及写通信程序。如果选择双边通信要在PLC双方都写通信程序。S7－300PLC调用函数FB12、FB13进行通信。S7－400调用函数

SFB12、SFB13 来进行通信;如果选择单边通信只在主动方写通信程序,S7—300PLC 调用 FB14、FB15 进行通信。S7—400 调用函数 SFB14、SFB15 来进行通信。

②TCP 通信使用 STEP7 软件进行硬件组态和网络组态(建立 TCP 连接)以及写通信程序。PLC 双方都写通信程序。S7—300PLC 调用函数 FC5、FC6 进行通信,S7—400 调用函数 FCSO、FC60 来进行通信。

③ISO 通信使用 STEP7 软件进行硬件组态和网络组态(建立 ISO 连接)以及写通信程序。PLC 双方都写通信程序,S7—300PLC 调用函数 FC5、FC6 进行通信,S7—400 调用函数 FC50、FC60 来进行通信。

以上三种通信方式的操作方法基本一致,只有在建立连接时选择各自的协议即可。

### (二)PLC 与 HMI 之间的以太网通信

由于上位机监控软件种类繁多,PLC 与 HMI 之间的通信也就种类繁多。不同的上位机监控产品可能与 PLC 的通信协议不相同。但大多监控软件都有一个共同的标准接口:OPC 接口,因此 PLC 与 HMI 之间的以太网通信大多都可采用 OPC 进行通信。除此之外,用户还可以使用 VC、VB 等工程软件开发一些简单的监控界面与西门子 HMI 直接进行 TCP 通信。

①OPC 通信所需硬件:1 套 S7—300 系统(包括电源模块 Ps307、S7—300PLC,以太网通信模块 CP343$^{-1}$),PC 机,以太网通信网卡 CP1613 以及连接电缆。所需软件:STEP7、SIMATICNET6.3(提供虚拟 PC 机和对 PC 站的参数设置)、组态王。以太网通信实现:使用 STEP7 软件进行硬件组态和网络组态以及使用 SIMATICNET 进行虚拟 PC 机组态。在 SIMATICNET 软件提供的 OPCSCOUT 中建立所需变量并添加到列表中查看其质量戳,如果为 good,说明配置成功;如果为 bad,说明配置失败。在上位机监控软件中建立 OPC 通信接口,并建立外部变量。在变量的连接设备中选择建立的 OPC 接口,在变量的寄存器中选择在 OPCSCOUT 处所建立的变量,这样就通过 OPC 接口实现了 PLC 与上

位机监控软件 HMI 之间的通信。如果在不使用上位监控软件时还可以通过使用 VC、VB 写的应用程序读写 OPCSCOUT 里建立的变量来实现。

②通过 VB 写的应用程序与西门子 PLC 的 TCP/IP 通信中，所需硬件：1 套 S7－300 系统（包括电源模块 PS307、S7－300PLC、以太网通信模块 CP343$^{-1}$）。PC 机、普通计算机以太网通信网卡以及连接电缆。所需软件：STEP7、VBO 以太网。通信实现：使用 STEP7 软件进行硬件组态和网络组态（建立 TCP 连接）以及使用 SIMATICNET 进行虚拟 PC 机组态。（建立 TCP 连接）写通信程序，在 PLC 一方写通信程序，S7－300PLC 调用函数 FC5、FC6 进行通信，S7－400 调用函数 FC50、FC60 来进行通信，在 HMI 一方用 VB 写通信程序，采用 Win sock 控件来实现。

工业以太网中的网络结构和网络通信是自动化控制系统中的核心部分，因此对每一个自动化控制系统来说网络结构和网络通信的设计是否理想，直接决定该系统性能的好坏。由于工业以太网技术展示出来“一网到底”的工业控制信息化美景，即它可以一直延伸到企业现场设备控制层，所以被人们普遍认为是未来控制网络的最佳解决方案，工业以太网已成为现场总线中的主流前沿技术。

# 第二章 机械电气自动化控制技术概论

本章为机械电气自动化控制技术概述，主要从三个方面进行论述，依次是第一节机械电气自动化控制技术的基本概念、第二节机械电气自动化控制技术的发展、第三节机械电气自动化控制技术的影响因素。

## 第一节 机械电气自动化控制技术的基本概念

### 一、机械电气自动化控制技术概述

电气自动化是一门研究与电气工程相关的科学，我国的电气自动化控制系统经历了几十年的发展，分布式控制系统相对于早期的集中式控制系统具有可靠、实时、可扩充的特点，集成化的控制系统则更多地利用了新科学技术的发展，功能更为完备。电气自动化控制系统的功能主要有：控制和操作发电机组，实现对电源系统的监控，对高压变压器、高低压厂用电源、励磁系统等进行操控。电气自动化控制技术系统可以分为三大类：定值、随动、程序控制系统，大部分电气自动化控制系统是采用程序控制以及采集系统。电气自动化控制系统对信息采集具有快速准确的要求，同时对设备的自动保护装置的可靠性以及抗干扰性要求很高，电气自动化具有优化供电设计、提高设备运行与利用率、促进电力资源合理利用的优点。

电气自动化控制技术是由网络通信技术、计算机技术以及电子技术高度集成，所以该项技术的技术覆盖面积相对较广，同时也对其核心技术——电子技术有着很大的依赖性，只有基于多种先进技术才能使其形成功能丰富、运行稳定的电气自动化控制系统，并将电气自动化控制系统与工业生产工艺设备结合来实现生产自动化。电气自动化控制技术在应用中具有更高的精确性,并且其具有信号传输快、反应速度快等特点,如果电气自动化控制系统在运行阶段的控制对象较少且设备配合度高,则整个工业生产工艺的自动化程度便相对较高,这也意味着该种工艺下的产品质量可以提升至一个新的水平。现阶段基于互联网技术和电子计算机技术而成的电气自动化控制系统,可以实现对工业自动化产线的远程监控,通过中心控制室来实现对每一条自动化产线运行状态的监控,并且根据工业生产要求随时对其生产参数进行调整。

电气自动化控制技术是由多种技术共同组成的,其主要以计算机技术、网络技术和电子技术为基础,并将这 3 种技术高度集成于一身,所以,电气自动化控制技术需要很多技术的支持,尤其是对这 3 种主要技术有着很强的依赖性。电气自动化技术充分结合各项技术的优势,使电气自动化控制系统具有更多功能,更好地服务于社会大众。应用多领域的科学技术研发出的电气自动化控制系统,可以和很多设备产生联系,从而控制这些设备的工作过程,在实际应用中,电气自动化控制技术反应迅速,而且控制精度强。电气自动化控制系统,只需要负责控制相对较少的设备与仪器时,这个生产链便具有较高的自动化程度,而且生产出的商品或者产品,质量也会有所提高。在新时期,电气自动化控制技术充分利用了计算机技术以及互联网技术的优势,还可以对整个工业生产工艺的流程进行监控,按照实际生产需要及时调整生产线数据,来满足实际的需求。

## 二、机械电气工程自动化控制技术的要点分析

电气自动化技术应用过程中的要点主要包括四个方面。

### (一)电气自动化控制系统的构建

从 1950 年初我国开始发展电气自动化专业,到现在电气自动化专业依然焕发着勃勃生机,究其原因是该专业覆盖领域广、适应性强,加之全国各大高校陆续开设同类专业,使这一专业历经多年发展态势仍强劲。电气自动化专业的开设使得该专业的大学生和研究生不断增多,电气自

动化专业就业人员的人数也飞速增长。我国对电气自动化专业技术人员的需求越来越多，供求关系随着需求量的增长而增长，如今，培养电气自动化专业顶尖技术人才是我国急需解决的重要问题。为此，我国政府发布了许多有利于培养此类专业型人才的政策，为此类人才的培养创造了便利的条件，使得电气自动化专业及其培养出的人才都可以得到更好的发展。由此可见，我国高校电气自动化专业具备优越的发展条件，属于稳步上升且亟需相关人才的新兴技术行业。就目前情况来看，我国电气自动化专业发展将会更加迅速。

要想有效地应用电气自动化技术，首先必须构建电气自动化控制系统。目前，我国构建的电气自动化控制系统过于复杂，不利于实际的运用，并且在资金、环境、人力以及技术水准等方面存在一定的问题，使其无法有效地促进电气自动化技术的发展。为此，我国必须提升构建电气自动化控制系统的水平，降低构建系统的成本，减少不良因素对该系统造成的负面影响，从而构建出具备中国特色的电气自动化控制系统。电气自动化控制系统的构建应从以下两方面入手。

首先，要提高电气自动化专业人才的数量和质量，培养电气自动化专业高端、精英型人才。虽然当前我国创办的电气企业非常多，电气从业人员和维修人员众多，从业人员的收入也不断上涨，但是我国精通电气自动化专业的优秀人才少之又少，高端、精英、顶尖的专业技能型人才更加稀缺。为此，基于发展前景良好的电气自动化专业的现状和我国社会的迫切需求，各大高校应提高电气自动化专业人才的数量和质量，培养电气自动化专业高端、精英型人才。

其次，要大批量培养电气自动化专业的科研人才。研发顶尖科学技术产品需要技术能力高、创新能力强的科研人才，为此，全国各地陆续建立了越来越多的科研机构，专业科研人员团队的数量和实力不断增强。与此同时，随着电气自动化市场的迅速发展，电气自动化技术成为促进社会经济发展的重要力量，电气自动化专业科研人才的发展前景十分乐观。为此，各大高校和科研机构还应该培养一大批技术能力高、创新能力强的电气自动化专业科研人才。

（二）实现数据传输接口的标准化

数据传输接口的标准化建设是数据得以安全、快速传输和电气工程自动化得以有效实现的重要因素。数据传输设备是由电缆、自动化功能系统、设备控制系统以及一系列智能设备组成的，实现数据传输接口的标准化能够使各个设备之间实现互相联通和资源共享，建设标准化的传输系统。

（三）建立专业的技术团队

目前许多电气企业的员工存在技术水平低、整体素养低等问题。因此，电气企业在经营过程中应该招募具备高水准、高品质的人才，利用专业人才提供的电气自动化技术为社会建设提供坚实的保障，降低因人为因素造成的电气设施故障的概率；还应该使用有效的策略对企业中的工作人员进行专业的技术培训，如入职培训等，丰富工作人员电气自动化技术的知识和技能。

（四）计算机技术的充分应用

计算机技术的良好发展不仅促进了不同行业的发展，也为人们的日常生活带来了便利。由于当前社会处于快速发展的网络时代，为了构建系统化和集成化的电气自动化控制体系，可以将计算机技术融入电气自动化控制体系中，以此促进该体系朝着智能化的方向发展。将计算机技术融入电气自动化控制体系，不仅可以实现工业产出的自动化，提升工业生产控制的准确度，还可以达到提升工作效率和节约人力、物力等目的。

## 三、机械电气自动化控制技术基本原理

电气自动化控制技术的基础是对其控制系统设计的进一步完善。主要设计思路是集中于监控方式，包括远程监控和现场总线监控两种。在电气自动化控制系统的设计中，计算机系统的核心，其主要作用是对所有信息进行动态协调，并实现相关数据储存和分析的功能，计算机系统是整

个电气自动化控制系统运行的基础。在实际运行中,计算机主要完成数据输入与输出数据的工作,并对所有数据进行分析处理。通过计算机快速完成对大量数据的一系列处理操作从而达到控制系统的目的。

在电气自动化控制系统中,启用方式是非常多的,当电气自动化控制系统功率较小时,可以采用直接启用的方式实现系统运行,而在大功率的电气自动化控制系统中,要实现系统的启用,必须采用星形或者三角形的启用方式。除了以上两种较为常见的控制方式以外,变频调速也作为一种控制方式并在一定范围内应用,从整体上说,无论何种控制方式,其最终目的都是保障生产设备安全稳定地运行。

电气自动化系统是将发电机、变压器组以及厂用电源等不同的电气系统的控制纳入 ECS 监控范围,形成 220kV/500kV 的发变组断路器出口,实现对不同设备的操作和开关控制,电气自动化系统在调控系统的同时也能对其保护程序加以控制,包括励磁变压器、发电组和厂高变。其中变组断路器出口用于控制自动化开关,除了自动控制,还支持对系统的手动操作控制。

一般集中监控方式不对控制站的防护配置提出过高要求,因此系统设计较为容易,设计方法相对简单,方便操作人员对系统的运行维护。集中监控是将系统中的各个功能集中到同一处理器,然后对其进行处理。集中监控方式不仅增加了维护量,而且有着复杂化的接线系统,这提高了操作失误的发生概率。

远程控制方式是实现需要管理人员在不同地点通过互联网联通需要被控制的计算机。这种监控方式不需要使用长距离电缆,降低了安装费用,节约了投资成本。

## 四、机械电气自动化控制技术研究背景

社会在不断地发展进步,科学技术水平也在不断提高,科学技术在各个工程领域所占的比重也越来越大,许多行业实行的智能化、自动化技术都离不开电气化与之配合设置。我国的电气自动化技术经历了几十年的

发展，已经获得了不错的成绩。随着市场经济规模的不断扩大，电气自动化市场中出现了大量的竞争对手，加剧了企业的市场竞争。企业只有充分发挥自身的生产优势，才能在一些行业中占有重要的位置。

（一）电气自动化控制系统的信息集成化

电气自动化控制系统中信息技术的运用主要体现在两方面：一是管理层面上纵深方向的延伸。企业中的管理部门使用特定的浏览器对企业中的人力资源、财务核算等数据信息进行及时存取，同时能够有效地监督控制正处于生产过程中的动态形势画面，可以及时掌握企业生产信息的第一手资料。二是信息技术会在电气自动化设施、系统与机器中进行横向的拓展。随着不断应用增加的微电子处理器技术，原来明确规定的界面设定逐渐变得模糊了，与之对应的结构软件、通信技术和统一、运用都比较容易的组态环境慢慢变得重要起来。

（二）电气自动化控制系统的标准语言规范是 Windows NT 和 IE

在电气自动化工程领域，发展的主要流向已经演变成人机的界面，因为 PC 系统控制的灵活性以及容易集成的特性使其正在被越来越多的用户接受和使用。同时电气自动化工程控制系统使用的标准系统语言使其更加容易进行维护处理。

## 五、机械电气自动化控制技术现存的优点

电气自动化技术能够提高电气工程工作的效率和质量，并且使电气设备在发生故障时可以立刻发出报警信号，自动切断线路，增加电气工程的精确性和安全性。由此可见，电气自动化技术具有安全性、稳定性以及可信赖性的优点。与此同时，电气自动化技术可以使电气设备自动运行，相对于人工操作来说，这一技术大大节约了人力资本，减轻了工作人员的工作量。此外，电气自动化控制体系中还安装了 GPS 技术，能够准确定位故障所在处，以此保护电气设备的使用和电气自动化控制体系的正常运行，减少了不必要的损失。

## 六、加强机械电气自动化控制技术的建议

### (一)电气自动化控制技术与地球数字化互相结合的设想

在科学技术水平持续增长、经济飞速发展的今天,电气自动化技术得到了普及化的应用。随着国民经济的不断发展和改革开放的不断深入,我国工业化进程的步伐进一步加快,电气自动化控制系统在这一过程中扮演着不可忽视的角色。为了加强电气自动化控制系统的建设,本书提出了电气自动化技术与地球数字化相结合的设想。地球数字化中包括自动化的创新经验,可以将与地球有关的、动态表现的、大批量的、多维空间的、高分辨率的信息数据整体成为坐标,并将整理的内容纳入计算机中,再与网络相结合,最终形成电气自动化的数字地球,使人们足不出户也可以了解到电气自动化技术的相关信息。这样一来,人们若想要知道某个地区的数据信息,就可以按照地理坐标去寻找对应的数据。这也是实现信息技术结合电气自动化技术的最佳方式。要想实现电气自动化技术与地球数字化互相结合的设想,就要实现电气自动化控制系统的统一化、市场化,安全防范技术的集成化。为此,电气企业需要提升自己的创新能力,政府也要对此予以支持。下面将从电气企业的角度出发,分析其实现电气自动化技术与地球数字化相结合设想应采取的措施。

首先,电气自动化控制系统的统一化不仅对电气自动化产品的周期性设计、安装与调试、维护与运行等功能的实现有着非常重要的影响,而且可以减少电气自动化控制系统投入使用时的时间和成本。要想实现电气自动化控制系统的统一化,电气企业就需要将开发系统从电气自动化控制系统的运行系统中分离出来。这样一来,不仅达到了客户的要求,还进一步升级了电气自动化控制系统。值得注意的是,电气工程接口标准化也是电气自动化控制体系的统一化的重要内容之一,接口标准化对于资源的合理配置、数字化建设效果的优化都有较为积极的意义。

其次,电气企业要运用现代科学技术深入改革企业内部的体制,在保障电气自动化控制系统、作为一种工业产品发挥作用的同时,还要确保电

气产品进入市场后可以适应市场发展的需求。由此可见,电气企业要密切关注产品市场化所带来的后果,确保电气自动化技术与地球数字化可以有效结合。另外,电气企业研发投入的不单单是开发的技术和集成的系统,还要采取社会化和分工外包的方式,使得零部件的配套生产工艺逐渐朝着生产市场化、专业化方向发展,打造能够实现资源高效配置的电气自动化控制系统产业链条。实际上,产业发展的必然趋势就是产业市场化,实现电气自动化控制系统的市场化发展对于提升电气自动化控制系统来说具有非常重要的作用。

再次,安全防范技术的集成化是电气企业改进电气自动化技术的战略目标之一,其关键在于如何确定电气自动化控制系统的安全性,实现人、机、环境三者的安全。当电气自动化控制系统安全性不高时,电气企业要用最少的费用制订最安全的方案。具体流程为:电气企业要先探究市场发展和延伸的特征,考虑安全性最高的方案,然后将低安全方案不断调整,从硬件设备到软件设备,从公共设施层到网络层,全方位地研究电气自动化控制系统的安全与防范设计。

最后,电气企业需要不断提升自身的技术创新能力,加大对具备自主知识产权的电气自动化控制系统的科研投入,将引进的新兴技术产业进行及时的理解—吸收—再创新,以便在电气自动化技术的创新过程中提供更为先进的技术支持。与此同时,鉴于电气自动化控制系统已成为推动社会经济发展的主导力量,政府应当对此予以重视,完善、健全相关的创新机制,在政策上对其加大扶持力度。此外,电气自动化控制系统采用了微软公司的标准化接口技术后,大大降低了工程的成本。同时,程序标准化接口解决了不同接口之间通信难的问题,保证了不同厂家之间的数据交换,成功实现了共享数据资源的目标,为实现与地球数字化互相结合的设想提供了条件。

### (二)现场总线技术的创新使用,可以大大节省成本

电气自动化工程控制系统中大量运用了现场总线与以以太网为主的计算机网络技术,经过了系统运行经验的逐渐积累,电气设备的自动智能

化也飞速地发展起来，在这些条件的共同作用下，网络技术被广泛地运用到了电气自动化技术中，所以现场的总线技术也由此产生。这个系统在电气自动化工程控制系统设计过程中更加凸显其目的性，为企业最底层的设施之间提供了通信渠道，有效地将设施的顶层信息与生产的信息结合在一起。针对不一样的间隔会发挥不一样的作用，根据这个特点可以对不一样的间隔状况分别实行设计。现场总线的技术普遍运用在了企业的底层，初步实现了管理部门到自动化部门存取数据的目标，同时也符合网络服务于工业的要求。与DCS(分布式控制系统)进行比较，可以节约安装资金、节省材料、可靠性能比较高，同时节约了大部分的控制电缆，最终实现节约成本的目的。

### (三)加强电气自动化企业与相关专业院校之间的合作

为了加强电气自动化控制系统的建设，相关专业院校应该积极建设电气自动化专业校内车间和厂区，建设具备多种功能、可以积累经验的生产培训场所，以此促进电气自动化专业人才能力的提升。高校应充分融合相关的数据和信息，针对市场的需要，培养电气自动化技术专业人才。同时，高校还应充分融合实践和教学来促进学生对教材知识的充分掌握，通过实践夯实理论知识，最终培养出能够满足电气企业和市场需求的人才。为了促进岗位职能与实践水平的有效融合，电气公司应该积极联合相关专业院校联合创建培训基地，在基地内部实行技术生产、技能培训，集中建设不同功用的生产、学习、试验培训场地，还应根据企业的具体要求，设定相关的理论学习引导策略和培育人才的教学策略。对于订单式人才培育而言，电气企业应该结合企业与高校的优势，通过分析企业的人才需求，与相关专业院校共同制定出人才培育的教学方案，从而实现电气自动化专业人才的针对性培养。

综上所述，高校应该在学生在校期间就开始培养学生的电气自动化技术，并强化与电气企业间的合作，确保学生在校期间就已经具备高超的专业技术，并能够将自身掌握的知识合理地运用于电气自动化技术的实践中，从而促进电气自动化行业的快速发展。电气企业也要积极与高校联系，针对特定的岗位需求，培养出订单式电气自动化专业人才。

（四）改革电气自动化专业的培训体系

第一，在教学专业团队的协调组织下，对市场需求中的电气自动化系统的岗位群体进行科学研究，总结这些岗位群体需要具有的理论知识和技术能力。学校根据这些岗位群体反映的特点组织优秀的专业的教师，制订与之相关的教学课程，这就是以工作岗位为基础形成的更加专业化的课程模式。

第二，将教授、学习、实践这三方面有机地结合起来，把真实的生产任务当作对象，重点强调实践的能力，对课程学习内容进行优化处理，专业学习中至少一半的学习内容要在实训企业中进行。教师在教学过程中，利用行动组织教学，让学生更加深刻地理解将来的工作程序。

随着经济全球化的不断发展和深入，电气自动化工程控制系统在我国社会经济发展中占有越来越重要的地位。根据电气自动化系统现状分析了其发展趋势，电气自动化工程控制系统要想长远发展下去就要不断地创新，将电气自动化系统进行统一化管理，并且要采用标准化接口，还要不断进行电气自动化系统的市场产业化分析，保证安全地进行电气自动化工程生产，保证这些条件都合格时还要注重加强电气自动化系统设备操控人员的教育和培训。此外，电气自动化专业人才的培养应该从学生时代开始，要加强校企之间的合作，使员工在校期间就能掌握良好的职业技能，只有这样的人才能为电气自动化工程所用，才能利用所学的知识更好地促进电气自动化行业的发展壮大，为社会主义市场经济的建设添砖加瓦。

## 第二节　机械电气自动化控制技术的发展

### 一、机械电气自动化控制技术的发展历程

信息时代的快速发展，让信息技术的运用更加方便快捷。信息技术

逐步渗透到电气自动化控制技术中，达到电气自动化系统的信息化。在此过程中，管理层被信息技术渗透，来提高业务处理和信息处理的效率。确保电气自动化控制技术实现全方位的监控，提高生产信息的真实性。同时，在这种渗透作用下，确保了设备和有效控制系统。

电气自动化属于中国工业化之中不可或缺的内容，由于它有先进技术来指导，所以中国的电气自动化技术的进步是非常快的，早已渗透到社会生产中的各个行业。由于电气自动化技术已经广泛应用在我们的生活和生产之中，因此人们对电气自动化技术也有了更高要求，电气自动化技术发展已经迫在眉睫。

电气自动化控制技术发展的历史也比较久远，电气自动化控制技术的发展起源可追溯到 20 世纪 50 年代。早在 50 年代，电机电力技术产品应运而生，当时的自动化控制主要为机械控制，还未实现电气自动化控制的实质，第一次产生了“自动化”这个名词，于是电气自动化技术从无到有为后期的电气自动化控制研究提供了基本思路和方向。进入 80 年代，计算机网络技术的迅速崛起与发展，网络技术基本成熟，这一时期形成了计算机管理下的局部电气自动化控制方式，其应用范围较小，对于系统的复杂程度也有一定要求，如电网系统过于复杂，易出现各类系统故障，但不可否认，这一阶段促进了电气自动化控制技术的基本体系与基础结构的形成。进入新时期，高速网络技术、计算机处理能力、人工智能技术的逐步发展和成熟，促进了电气自动化控制技术在电力系统中的应用，电气自动化控制技术真正形成，其以远程遥感、远距离监控、集成控制为主要技术，电气自动化控制技术的基础也因此形成。随着时代的不断发展，电气自动化控制技术日臻完善，电力系统逐步走向网络智能化、功能化和自动化。同时，为了适应社会发展的需求，主要院校开始建立了电气自动化专业，并培养了一批优秀的技术人员，随着电气自动化技术应用越来越广泛，在企业、医学、交通、航空等各方面都得到广泛应用与发展，这样一来，普通的高等院校、职业技术学院、大专院校等都建立了自动化控制技术专业。可以这样说，电气自动化控制技术在我国经济发展过程中占据着越来越重要的作用。

现在，要吸取经验，充分认识其发展的重要性，适应时代发展的步伐，结合信息技术与生产、工业等应用的特点，有目的地改进电气自动化控制技术，通过这些技术发展，不断地总结经验，吸取教训，以使得此技术得到进一步的发展。

现如今，我国工业化技术水平越来越高，电气自动化控制技术已在各企业得到广泛的应用，尤其对于新兴企业，电气自动化控制技术成为现代企业发展的核心技术。越来越多的企业使用机器设备来代替劳动生产力，节约了人工成本，提高了工作效率，同时也提高了操作的可靠性。电气自动化控制技术已成为现代化企业发展的重要标志，自动化设备的使用改善了劳动条件，降低了劳动强度，很多的重体力劳动都通过机器设备的使用得到了实现。为了顺应时代的发展，很多高等院校也开设了电气自动化控制技术专业，学习此专业已成为一种时尚，更重要的一点是，此专业的知识与社会的发展相适应，也能用于人们的日常生活中，给生活和生产都带来便利，这种技术发展迅速，技术相对成熟，广泛应用于高新技术行业，推动着整个经济社会的快速发展。电气自动化控制技术的应用也十分广泛，在工业、农业、国防等领域都得到应用与发展。电气自动化控制技术的发展，对整个社会经济发展有着十分重要的意义。电气自动化控制技术的发展能够提升城市品位和城市居民生活质量，是适应人们日益增长的物质生活条件的必然产物。

## 二、机械电气自动化控制技术的发展特点

电气自动化系统是适应未来社会的发展而出现的，新时期生产发展属于它的特点，可以促进经济发展，属于现代化所需要的系统。当今的企业之中，有许许多多的用电设施，不仅其工作量巨大，并且其过程也是十分的复杂，一般电气设施的工作周期都是很久，能够维持在一个月至数个月。而且，电气设施工作的速度还是挺快的，必须有比较高的装置来确保电气设施允许的稳定安全。结合电气设施所具有的特点，电气自动化系

统和电气设施之间可以进行融合，管理的企业厂房效果会非常好。而且，企业运用了电气自动化平台以后，其电气设施的工作效率也相应提高。尽管电气自动化系统的优越性有很多，但现今的电气自动化系统研究还不是很成熟，还有许多的问题，还应对其进行完善。所以应加强电气自动化方面的研究，给予电气自动化足够的重视，提高劳动生产率。

### （一）电气自动化信息集成技术应用

信息集成技术应用于电气自动化技术里面主要是在两个方面：第一个方面是，信息集成技术应用在电气自动化的管理之中。如今，电气自动化技术不只是在企业的生产的过程得到应用，在进行企业生产管理的时候也会应用到。采用信息集成技术进行管理企业、管理生产运营记录的所有数据，并对其进行有效的应用。集成信息技术能够对生产过程所产生的数据有效地进行采取、存储、分析等。第二个方面是，可以利用信息集成技术有效地管理电气自动化设备，而且通过对信息技术的利用，使设备自动化提高，它的生产效率也会提高。

### （二）电气自动化系统检修便捷

如今，很多的行业都采用了电气自动化设备，尽管它的种类很多，但应用系统还是比较统一的，现今主要用的电气自动化系统是 Windows NT 以及 IE，形成了标准的平台。而且也应用到 PLC 控制系统，进行管理电气自动化系统的时候，其操作是比较简便的，非常适用于生产活动当中。通过 PLC 系统和电气自动化系统两者的结合，使得电气自动化智能水平提高了许多，其操作界面也走向人性化，若是系统出现问题则可在操纵过程中及时发现，还有自动回复功能，大大减轻了相应的检修和维护的工作，可避免设备故障而影响到生产，并且电气自动化设备应用效率也会提高。

### （三）电气自动化分布控制技术的广泛应用

电气自动化技术的功能非常多，而且它的系统分成很多部分。一般控制系统主要分为两种：

(1)设备的总控制部分,通过相应的计算机信息技术实行控制整个电气自动化设备。

(2)电气设备运行状况监督与控制部分,这属于总控制系统的一个分支,靠它来完成电气自动化系统的正常运行。总控制和分支控制两者的系统主要是通过线路串联,总控制系统能够有效进行控制的同时,分支控制系统也能够把收集的信息传递给总控制系统,可以有效地对生产进行调整,确保生产可以顺利地进行。

## 三、机械电气自动化控制技术在国内外的发展

### (一)电气自动化工程控制系统的创新技术

我国制订了电气自动化工程长期发展的计划,在逐渐开放的环境中,不断地提升电气自动化工程控制系统的创新能力、创新集成能力以及引入、消化、重新吸收的创造能力。企业不断追求发展产品自身的技术创新,大力致力于电气自动化工程系统的自主知识产权的产品研究,为电气自动化工程进行自主创新创造更宽更广的空间。一定要确定电气自动化企业中创新技术的主导位置,提供优厚的政策环境,健全机制体系,加速实行国家重大的科技研究项目。目前,国内企业主要生产中低档次产品,产品在国内市场主要适用于中小规模的项目。电气自动化工程企业须尽快打开科技创新的市场局面,积极转换经济的增长模式,逐渐提升创新实践能力。

### (二)统一化的电气自动化系统

统一电气自动化系统能够实现电气自动化产品的周期性设计、测试与实行、开机与调试、维护与运行等,这样能够最大限度地缩减从设计到完工的资金和时间。将电气自动化系统实行统一化管理,关键能够满足客户的需求,也就是把开发系统彻底从运行系统中独立出来,这对于电气自动化工程控制系统来说,是成功地将电气自动化系统通用化。电气自动化工程的网络构成应该保障控制现场的设施、计算机的监管体系、企业工程的管理体系中的通信数据保持通畅。实行网络的体系计划时,不管

是使用现场总线还是通信系统的以太网，需要保障控制元件级到办公室的环境之间自动化的整体通信。

（三）电气自动化控制系统的标准化接口

微软公司的标准技术有效地缩减了工程的成本和时间，实现了办公室系统和电气自动化系统资源数据的共享交换。当企业同相关的系统进行连接时，由于电气自动化系统策划方案的重要性，需要使用的操作系统是 Windows XP，那么办公室通信使用的标准是 IP 系统，自动化控制和管理系统两者之间重要接口的建立是通过 PC 系统。程序的标准化接口确保了厂家之间进行的软硬件交换数据，真正将通信产生的困难解决了。

（四）市场产业化中的电气自动化控制系统

企业加快进行结构产业化的发展，始终坚定实行体制的深化改革，依据科学技术推动发展以及保障体系机制同时，需要关注市场产业化形成带来的问题。在电气自动化企业对开发技术和集成系统投入过多精力的时候，应巧妙运用分工外包和社会性质的协作，将零部件的配套生产逐渐市场化，有规模有计划地进行大型装备技术的研究开发，逐渐提升自主进行的装备创造比例。市场产业化是产业不断发展的结果，能够有效提升配置资源的工作效率。

（五）电气自动化工程及产品的生产将更加安全

电气自动化工程控制系统正朝着安全防范技术的集成系统方向发展，重点加强了安全与非安全系统控制的一体化集成，使用户在现阶段非安全系统控制的前提下，运用最低的设计开发费用实现安全方案。将来电气自动化系统的亮点就在于电气自动化产品的系统安全。企业应分析我国的市场特性，逐步地进行市场扩展，应从安全级别需求最高的领域开始，逐步延伸至其他危险级别相对较低的领域。从工厂设施层发展到网络层，从硬件设备延伸到软件设备，把电气自动化工程控制系统的安全与防范设计进行全面的研究。

（六）未来的电气自动化系统需要更加专业的技术人才

电气自动化工程系统在安装和设计时，通常容易忽视对设备控制人员的职业培训。一些从事生产的厂商和系统工程单位在电气自动化系统进行安装运行以后，才重视对设备操作人员以及维修人员的岗位培训。电气自动化系统在进行安装的过程中就应当让未来操作这些设备的人员观察熟悉整个系统的安装流程，这样做能够加强他们对系统的深刻认知。经过正规的训练，设备的操控人员就会更加明白为何电气自动化系统会按照这种方式进行安装。为了能够处理电气自动化工程系统在今后运行中会出现的问题，就需要提前找出发生故障的可能因素，反之就会导致对故障出现原因的判定出现偏差。安装新的电气自动化系统时，设备操控人员需要对这些技术熟悉掌握。企业组织员工训练的期间内，重点要培训员工的技术操作，让设备操控员工准确掌握系统的硬件配备知识以及实际操作的技术要点和保养维修知识。

## 四、机械电气自动化控制技术的发展趋势

电气自动化控制技术的发展趋势应该是分布式、开放化和信息化。分布式的结构是一种能确保网络中每个智能的模块能够独立地工作的网络，达到系统危险分散的概念；开放化则是系统结构具有与外界的接口，实现系统与外界网络的连接；信息化则是使系统信息能够进行综合处理能力，与网络技术结合实现网络自动化和管控一体化。在开创“电气自动化”新局面的时候，要牢牢地把握从“中国制造”向“中国创造”的转变。在保持产品价格竞争力的同时，中国企业需要寻找一条更为健康的发展道路，“电气自动化”企业要不断吸收高新技术的营养，才能为开创“电气自动化”的新局面增添动力。要全面把握“科学发展观”的基本内涵和精神实质，结合本地区、本部门、本行业的客观实际，按照“以人为本、全面协调可持续发展的要求”，认真寻找差距，总结经验教训，转变发展观念，调整发展思路，切实把思想和行动统一到“科学发展观”的要求上来，把“科学发展观”贯彻到改革开放和我国“电气自动化”进一步实现现代化、国际化和全球化的过程上来。

### （一）不断提高自主创新能力（智能化）

电气自动化控制技术正在向智能化方向发展。随着人工智能的出现，电气自动化控制技术有了新的应用。现在很多生产企业都已经应用了电气自动化控制技术，减少了用工人数。但是，在自动化生产线运行过程中，还要通过工人来控制生产过程。结合人工智能研发出的电气自动化控制系统，可以再次降低企业对员工的需要，提高生产效率，解放劳动力。

在市场中，电气自动化产品占的份额非常大，大部分企业选用电气自动化产品。所以电气自动化的生产商想要获得更大的利益，就要对电气自动化产品进行改进，实行技术创新。对企业来说，加大对产品的重视度是非常有必要的，要不断提高企业的创新能力，进行自主研发，及时进行电气自动化开发。而且，做好电气自动化系统维护对电气自动化产品生产来说有极大的作用，这就要求生产企业将系统维护工作做好。

### （二）电气自动化企业加大人才要求（专业化）

随着电气行业的发展，我国逐渐加大了对电气行业方面的重视，对电气企业员工综合素质的要求也越来越高。而且企业想让自己的竞争力变强，就要要求员工具备的技能提高。所以，企业要经常对员工进行电气自动化专业培养，重点是专业技术的培养，实现员工技能与企业同步。但目前，我国电气自动化专业人才面临就业问题，国家也因此进行了一些整改，拓宽它的领域。尽管如此，但电气行业还是发展快速，人才需求量还有很大的缺口。所以高等院校要加大对电气专业的培养以及发展力度，以填补市场上专业性人才的缺口。

针对自动化控制系统的安装和设计过程，时常对技术员工进行培训，提高了技术人员的素质，扩大培训规模也会让维修人员的操作技术变得更加成熟和完善，自动化控制系统朝着专业化的方向大踏步前进。随着不断增多的技术培训，实际操作系统的工作人员也必将得到很大的帮助，培训流程的严格化、专业化，提高了他们的维修和养护技术，同时也加快了他们今后排除故障、查明原因的速度。

(三)逐渐统一电气自动化的平台(集成化)

电气自动化控制技术除了向智能化方向发展外,还会向高度集成化的方向发展。近年来,全球范围内的科技水平都在迅速提高,使得很多新的科学技术不断地与电气自动化控制技术结合,为电气自动化控制技术的创新和发展提供了条件。未来电气自动化控制技术必将集成更多的科学技术,使电气自动化控制系统功能更丰富,安全性更高,适用范围更广。同时,还可以大大减少设备的占地面积,提高生产效率,降低企业生产成本。

推进控制系统一致性标志着控制系统的发展改革,一致性对自动化制造业有极大的促进作用,会缩短生产周期。并且统一养护和维修等各个生产环节,时刻立足于客观现实需要,有助于实现控制系统的独立化发展。将来,企业对系统的开发都将使用统一化,在进行生产的过程中每个阶段都进行统一化,能够减少生产时间,其生产的成本也得到降低,将劳动力的生产率进行提高。为了让平台能够统一化发展,企业需要根据客户的需求,进行开发时采用统一的代码。

(四)电气自动化技术层次的突破(创新化)

虽然现在我国的电气自动化水平提高的速度很快,但该系统依然处在未成熟的阶段,致使该系统原有的功能不能被发挥出来。在电气自动化的企业当中,数据的共享需要网络来实现,然而我国企业的网络环境还不完善。不仅如此,共享的数据量很大,若没有网络来支持,当数据库出现事故时,就会致使系统平台停止运转。为了避免这种情况发生,加大网络的支持力度尤为重要。随着电力领域技术的不断进步,电气工程也在迅猛发展,技术环境日益开放,在接口方面自动化控制系统朝着标准化飞速前进,标准化进程对企业之间的信息沟通交流有极大的促进作用,方便不同的企业进行信息数据的交换活动,能够克服通信方面出现的一些障碍问题。还有,由于科学技术得到较快发展,也将电气技术带动起来,目前我国电气自动化生产已经排在前面了,在某些技术层次上也处于很高的水平。

通过对目前我国的自动化发展情况进行分析，将来我国在这方面的水平会不断得到提高，慢慢赶上发达国家，逐渐提高我国在世界上的知名度，让我国的经济效益更好。整个技术市场大环境是开放型快速发展的，面对越来越残酷的竞争，各个企业为了适应市场，提高了自动化控制系统的创新力度，并且特别注重培养创新型人才，下大力气自主研发自动化控制系统，取得了一定的成绩。企业在增强自身的综合竞争实力的同时，自动化控制系统也将不断发展创新，为电气工程的持续发展提供技术层次的支撑和智力方面的保障。

### （五）不断提高电气自动化的安全性（安全化）

电气自动化要很好地发展，不只是需要网络来支持，系统运行的安全保障更加重要，而且对系统进行维护以及保养非常重要。如今，电气自动化行业越来越多，大多数安全系数比较高的企业都在应用其电气自动化的产品，因此，我们需要很重视产品安全性的提高。现在，我国的工业经济正在经历着新的发展阶段，在工业发展中，电气自动化的作用越来越重要，新型的工业化发展道路是建立在越来越成熟的电气自动化技术基础上的。自动化系统趋于安全化能够更好地实现其功能。通过科学分析电力市场发展的趋势，逐渐降低市场风险，防患于未然。

同时，电气自动化系统已经普及我们的生活中，企业需要重视其员工的整体素质。为使得电气自动化的发展水平得到提高，对系统进行安全维护要做到位，避免任何问题的出现，保证系统能够正常工作。

## 第三节 机械电气自动化控制技术的影响因素

由于在工业生产过程中应用电气自动化技术是非常重要的，生产管理者必须针对影响电气自动化技术发展的原因进行深入的分析与探索，从而找到根本的解决之道，进一步促进电气自动化事业的快速发展。

## 一、电子信息技术

如今电子信息技术早已被人们所熟悉，它与电气自动化技术的发展关系十分紧密。相应的软件在电气自动化中得到了良好应用，能够让电气自动化技术更加安全可靠。我们大家都知道，现在所处的时代是一个信息爆炸的时代，我们需要尽可能构建起一套完整有效的信息收集与处理体系。因此，电气自动化的技术要想有突破性的进展就需要我们能够掌握好新的信息技术，通过自己的学习将电子技术与今后的工作有效地进行融合，找寻能够可持续发展的路径，让电气自动化技术可以有更加良好的前景与发展空间。

信息技术的关键性影响。信息技术主要包括计算机、世界范围高速宽带计算机网络及通信技术，大体上讲就是指人类开发和利用信息所使用的一切手段，这些技术手段主要目的是用来处理、传感、存储和显示各种信息等相关支持技术的综合体。现代信息技术又称为现代电子信息技术，它是建立在现代电子技术基础上并以通信、计算机自动控制等现代技术为主体将各个种类的信息进行获取、加工处理并进行利用。现代信息技术是实现信息的获取、处理、传输控制等功能的技术。信息系统技术主要包括光电子、微电子以及分子电子等有关元器件制造的信息基础技术，主要适用于社会经济生活各个领域的信息应用技术。信息技术的发展在很大程度上取决于电气自动化中众多学科领域的持续技术创新，信息技术对电气自动化的发展具有较大的支配性影响。反过来信息技术的进步又同时为电气自动化领域的技术创新提供了更加先进的工具基础。

## 二、物理科学技术

20 世纪后半叶，物理科学技术的发展对电气工程的成长起到了巨大的推动作用。固体电子学也主要是由于三极管的发明和大规模集成电路制造技术的发展，电气自动化与物理科学间的紧密联系与交叉仍然是今后电气自动化的关键，并且将拓宽到微机电、生物系统、光子学系统。因为电气自动化技术的应用属于物理科学技术的范围，所以，物理科学技术的快速发展，肯定会对电气自动化技术的发展以及应用发挥着重大的、积极的促进作用。所以，要想电气自动化技术获得更好的发展，政府以及企业的管理者务必高度关注物理科学技术的发展状况，以免在电气自动化技术的发展过程中违背当前的物理科学技术的发展。

### 三、其他科学技术

由于其他科学技术的不断发展，从而促进了电子信息技术的快速发展和物理科学技术的不断进步，进而推动了整个电气自动化技术的快速进步。除此之外，现代科学技术的发展以及分析、设计方法的快速更新，势必会推动电气自动化技术的飞速发展。

# 第三章　电动机的基本控制电路

电力拖动是指用电动机作为原动机来拖动生产机械，如：车床、铣床、磨床等各种机床的运转，以及起重机、轧钢机、卷扬机等各类机械的运转都是电动机来带动的。

电动机常见的基本控制电路有：点动控制电路、正转控制电路、正反转控制电路、位置控制电路、顺序控制电路、多地控制电路等。在生产实践中，一台比较复杂的机床或成套生产机械的控制电路，总是由一些基本控制电路组成的。因此，掌握好上述基本控制电路，对掌握各种机床及机械设备的电气控制电路的运行和维修是非常重要的。

## 第一节　电气制图标准

在绘制电气控制电路原理图时应遵循以下标准：GB/T 5226—2019《机械电气安全机械电气设备第 1 部分：通用技术条件》、GB/T 6988.1—2008《电气技术用文件的制第 1 部分：规则》等国家标准。

### 一、电气原理图

电气原理图是用图形符号和项目代号表示电路各个电器元件连接关系和工作原理的图。原理图一般分电源电路、主电路、控制电路、信号电路及照明电路绘制。

电气原理图主电路、控制电路和信号电路应分开绘出，表示出各个电源电路的电压值、极性或频率及相数。主电路的电源电路一般绘制成水平线，受电的动力装置（电动机）及其保护电器支路用垂直线绘制在图面的左侧，控制电路用垂直线绘制在图面的右侧，同一电器的各元件采用同一文字符号标明。

所有电路元件的图形符号，均按电器未接通电源和没有受外力作用时的状态绘制。循环运动的机械设备，在电气原理图上绘出工作循环图。转换开关、行程开关等绘出动作程序及动作位置示意图表。由若干元件组成具有特定功能的环节，用点画线框括起来，并标注出环节的主要作用，如速度调节器、电流继电器等。电路和元件完全相同并重复出现的环节，可以只绘出其中一个环节的完整电路，其余的可用点画线框表示，并标明该环节的文字符号或环节的名称。

外购的成套电气装置，其详细电路与参数绘在电气原理图上。电气原理图的全部电动机及电器元件的型号、文字符号、用途、数量、额定技术数据，均应填写在元件明细表内。为阅图方便，图中自左向右或自上而下表示操作顺序，并尽可能减少线条和避免线条交叉。将图分成若干图区，上方为该区电路的用途和作用，下方为图区号。在继电器、接触器线圈下、方列有触点表，以说明线圈和触点的从属关系。

电源电路画成水平线，三相交流电源相序 L1、L2、L3 由上而下依次排列画出，中性线 N 和保护地线 PE 画在相线之下。直流电源则正端在上，负端在下画出。电源开关要水平画出。

主电路是指在电气设备或电力系统中，直接承担电能交换或控制任务的电路。它通过的是电动机的工作电流，电流较大。主电路要垂直电源电路画在原理图的左侧。

控制电路是指控制主电路工作状态的电路。信号电路是指显示主电路工作状态的电路。照明电路是指实现机床设备局部照明的电路。这些电路通过的电流都较小，画原理图时，控制电路、信号电路、照明电路要跨接在两相电源线之间，依次垂直画在主电路的右侧，且电路中的耗能元件(如接触器和继电器的线圈、信号灯、照明灯等)要画在电路的下方，而电器的触点画在耗能元件上方、

## 二、电气安装图

电气安装图用于表示电气控制系统中各电气元件的实际位置和接线

情况。要求详细绘制出电气元件安装位置，并标明电气设备外部元件的相对位置及它们之间的电气连接，是实际安装接线的依据。

原则：外部单元同一电器的各部件画在一起，其布置尽可能符合电器实际情况。各电气元件的图形符号、文字符号和回路标记均以电气原理图为准，并保持一致。不在同一控制箱和同一配电盘上的各电气元件，必须经接线端子板进行连接。互连图中的电气互连关系用线束表示，连接导线应注明导线规格(数量、截面积)，一般不表示实际走线途径。对于控制装置的外部连接线应在图中或用接线表来表示清楚，并注明电源的引入点。

## 第二节　制动控制电路

电动机断开电源以后，由于惯性不会马上停止转动，而需要转动一段时间才会完全停下来。这种情况对于某些生产机械是不适宜的，如起重机的吊钩需要准确定位、万能铣床要求立即停转等，实现生产机械的这些要求就需要对电动机进行制动。

所谓制动，就是给电动机一个与转动方向相反的转矩使它迅速停转(或限制其转速)。制动的方法一般有两类：机械制动和电力制动。

### 一、机械制动

利用机械装置使电动机断开电源后迅速停转的方法叫机械制动，机械制动常用的方法有电磁抱闸制动和电磁离合器制动。

(一)电磁抱闸制动

1. 电磁抱闸的结构

电磁抱闸的结构，它主要由制动电磁铁和闸瓦制动器两部分组成。制动电磁铁由铁心、衔铁和线圈三部分组成，并有单相和三相之分；闸瓦制动器包括闸轮、闸瓦、杠杆和弹簧等，闸轮与电动机装在同一根转轴上。

制动强度可通过调整机械结构来改变，电磁抱闸分为断电制动型和通电制动型两种。断电制动型的性能：当线圈得电时，闸瓦与闸轮分开，无制动作用；当线圈失电时，闸瓦紧紧抱住闸轮制动。通电制动型的性能：当线圈得电时，闸瓦紧紧抱住闸轮制动；当线圈失电时，闸瓦与闸轮分开，无制动作用。

2. 电磁抱闸断电制动控制电路

这种制动方法在起重机械上被广泛采用，其优点是能够准确定位，同时可防止电动机突然断电时重物的自行坠落。当重物起吊到一定高度时，按下停止按钮，电动机和电磁抱闸的线圈同时断电，闸瓦立即抱住闸轮，电动机立即制动停转，重物随之被准确定位。如果电动机在工作时，线路发生故障而突然断电，电磁抱闸同样会使电动机迅速制动停转，从而避免重物自行坠落的事故。这种制动方法的缺点是不经济，因电磁抱闸线圈耗电时间与电动机一样长。另外切断电源后，由于电磁抱闸的制动作用，使手动调整工件就变得很困难。因此，对要求电动机制动后能调整工件位置的机床设备不能采用这种制动方法，可采用下述通电制动控制电路。

3. 电磁抱闸通电制动控制电路

电磁抱闸通电制动控制电路，这种制动方法与上述断电制动方法稍有不同。当电动机得电运转时，电磁抱闸线圈断电，闸瓦与闸轮分开无制动作用；当电动机失电需停转时，电磁抱闸线圈得电，使闸瓦紧紧抱住闸轮制动；当电动机处于停转状态时，电磁抱闸线圈也无电，闸瓦与闸轮分开，这样操作人员可以用手扳动主轴进行调整工件、对刀等操作。

(二)电磁离合器制动

电磁离合器制动的原理和电磁抱闸制动的原理类似，电动葫芦的绳轮常采用这种制动方法。

## 二、电力制动

使电动机在切断电源停转的过程中，产生一个和电动机实际旋转方向相反的电磁转矩（制动转矩），迫使电动机迅速制动停转的方法叫电力制动。电力制动常用的方法有反接制动、能耗制动、电容制动和再生发电制动等，下面分别给予介绍。

### （一）反接制动

依靠改变电动机定子绕组的电源相序来产生制动转矩，迫使电动机迅速停转的方法叫反接制动。

当电动机转速接近零值时，应立即切断电动机电源，否则电动机将反转。为此，在反接制动设施中，为保证电动机的转速被制动到接近零值时，能迅速切断电源，防止反向启动，常利用速度继电器（又称反接制动继电器）来自动地及时切断电源。

### （二）能耗制动

当电动机切断交流电源后，立即在定子绕组的任意二相中通入直流电，迫使电动机迅速停转的方法叫能耗制动。

#### 1. 无变压器半波整流能耗制动自动控制电路

无变压器半波整流单向起动能耗制动自动控制电路采用单只二极管半波整流器作为直流电源，所用附加设备较少，线路简单，成本低，常用于10kW以下小容量电动机，且对制动要求不高的场合。

#### 2. 有变压器全波整流能耗制动自动控制电路

对于10kW以上容量较大的电动机，多采用有变压器全波整流能耗制动自动控制电路。有变压器全波整流单向起动能耗制动自动控制电路，其中直流电源由单相桥式整流器VC供给，TC是整流变压器，电阻R用来调节直流电流，从而调节制动强度，整流变压器的一次侧与整流器的直流侧同时进行切换，有利于提高触点的使用寿命。

能耗制动的优点是制动准确、平稳，且能量消耗较小。因此，能耗制动一般用于要求制动准确、平稳的场合，如磨床、柱式铣床等的控制电路中。

能耗制动时产生的制动转矩大小，与通入定子绕组中的直流电流大小、电动机的转速及转子电路中的电阻有关。电流越大，产生的静止磁场就越强，而转速越高，转子切割磁力线的速度就越快，产生的制动转矩也就越大。但对笼型异步电动机，增大制动转矩只能通过增大通入电动机的直流电流来实现，而通入的直流电流又不能太大，过大会烧坏定子绕组。

(三)电容制动

当电动机切断交流电源后，立即在电动机定子绕组的出线端接入电容器来迫使电动机迅速停转的方法叫电容制动。其制动原理：当旋转着的电动机断开交流电源时，转子内仍有剩磁，随着转子的惯性转动，有一个随转子转动的旋转磁场，这个磁场切割定子绕组产生感应电动势，并通过电容器回路形成感应电流，该电流与磁场相互作用，产生一个与旋转方向相反的制动转矩，对电动机进行制动，使它迅速停转。

# 第四章 传感器技术

传感器是将被测量量有规则地转换成一定输出信号的器件或装置。通常被测量量是非电物理量,输出信号一般为电量。随着科学技术的不断发展,传感技术作为一种与现代科学密切相关的新兴学科得到迅速的发展,并且在自动监测、无损探测、航空航天、医疗等方面被广泛地应用,对交叉学科的发展起到了较好的促进作用。本章从传感器技术基础出发,介绍各个传感器的原理和应用。

## 第一节 传感器的技术基础

考虑到传感器的检测信号种类多,为便于进行放大(Amplification)、反馈(Feedback)、滤波、微分(Differentiation)、存储(Storage)、远距离操作等,通常选择电信号作为传感器的输出信号。因此,传感器又可以定义为:将被测量量转换为电信号的一类元(器)件。有时也称为变换器、换能器、探测器等。

### 一、传感器的分类

(一)按被测量量分类

按被测量量分类,可分为力学量(Mechanical Quantity)、光学量(Optical Quantity)、磁学量(Magnetic Quantity)、几何学量(Geometric Quantity)、运动学量(Kinematic Quantity)、流速(Flow Rate)与流量、液面(Liquid Level)、热学量(Thermal Quantity)、化学量(Chemical Quantity)、生物量传感器(Biological Quantity Transducer)等。这种分类方法简单易懂,但是缺点是传感器的种类繁多,把原理互不相同的同一用途的

传感器归为一类，不利于区分和掌握传感器的原理与性能。

（二）按工作原理（Working Principle）分类

按照工作原理分类，可分为电阻式（Resistive Type）、电容式（Capacitance Type）、电感式（Inductive Type）、光电式（Photoelectric Type）、光栅式（Grating Type）、热电式（thermoelectric Type）、压电式（Piezoelectric Type）、红外（Infra Red）、光纤（Optical Fiber）、超声波（Ultrasonic）、激光传感器（Laser Sensor）等。这种分类有利于研究、设计传感器，有利于对传感器的工作原理进行阐述。

（三）按敏感材料（Sensitive Material）不同分类

按敏感材料不同分为半导体传感器（Semiconductor Sensor）、陶瓷传感器（Ceramic Sensor）、石英传感器（Quartz Sensor）、光导纤维传感器（Optical Fiber Push Sensor）、金属传感器（Metal Sensor）、有机材料传感器（Organic Material Sensor）、高分子材料传感器（Polymer Material Sensor）等。

（四）按传感器输出（Sensor Output）量的性质分类

按照传感器输出量的性质分为模拟传感器（Analog Sensor）和数字传感器（Digital Sensor）。其中数字传感器便于与计算机联用，且抗干扰性较强，例如，脉冲盘式角度数字传感器（Pulsed Disc Type Angle Digital Sensor）、光栅传感器（Grating Sensor）等。传感器数字化是今后传感器的发展趋势。

（五）按应用场合不同分类

按应用场合不同分为工业用、农用、军用、医用、科研用、环保用和家电用传感器等。若按具体使用场合，还可分为汽车用、船舰用、飞机用、宇宙飞船用、防灾用传感器等。

（六）根据使用目的分类

根据使用目的的不同，又可分为计测用、监视用、位移用、诊断用、控制用和分析用传感器等。

(七)按能量的传递(Energy Transfer)方式分类

按能量的传递方式分为有源传感器(Active Sensor)和无源传感器(Passive Sensor)。对于电流信号而言,若设备有独立的工作电源线(Working Power Cord),那它提供的信号输出(比如4~20mA)为有源信号;若设备本身无独立工作电源,它提供的信号为无源信号。通常输出为模拟信号(Analog Signal)的传感器都是有源传感器;输出为开关量的三线制仪表、四线制仪表为有源传感器,二线制仪表大部分为无源传感器。

## 二、传感器的特性和技术指标

传感器的特性包括静态特性和动态特性(Dynamic Characteristics)。当输入量为常量或者变化极其缓慢时,传感器的特性表现为静态特性;当输入量随着时间的变化而快速变化时,传感器的特性表现为动态特性。为了降低或者消除传感器在控制系统中的误差,使输出信号随着输入信号按照一定的规律准确转化,传感器的上述两种特性尤为重要。

(一)传感器的静态特性

理想情况下,传感器的输出量 y 与输入量 x 之间应为线性关系,可表示为:

$$y=ax$$

式中,a 为线性静态关系的斜率。

1. 线性度(Linearity)

线性度是传感器输入量 x 与输出量 y 之间的关系曲线偏离直线的程度,又称为非线性误差。传感器的静态模型所呈现的非线性程度是不一样的。

理想线性特性,几乎每一种传感器都不具备如此特性,即都存在非线性。因此在使用非线性传感器时,必须对传感器输出特性进行线性处理。常用的方法有理论直线法、端点线法、割线法、切线法、最小二乘法和计算程序法等。

2. 灵敏度(Sensitivity)

传感器的灵敏度 K 是指达到稳定工作状态时，输出变化量 $\Delta y$ 与引起此变化的输入变化量 $\Delta x$ 之比，即：

$$K=\frac{\Delta y}{\Delta x}$$

灵敏度反映了传感器对被测参数变化的灵敏程度，其数值越大，电路处理就越简单。线性传感器的灵敏度是其静态特性的斜率；非线性传感器的灵敏度是其静态特性曲线某点处的切线的斜率，它随输入量的变化而不断变化。

3. 重复性(Repetitiveness)

重复性是传感器将输入量按同一方向做全量程、多次测试时，所得特性曲线不一致性的程度，多次测量的曲线越重合，其重复性越好，误差越小。传感器输出特性的重复性主要由传感器机械部分的磨损、间隙、松动、部件的内摩擦、积尘以及辅助电路名化和漂移(Drift)等原因产生。

不重复性误差一般属于随机误差，按极限误差公式计算不太合理。不重复性误差可以通过校准测得。根据随机误差的性质，校准数据的离散程度随校准次数不同而不同，其最大偏差值也不一样。因此不重复性误差 $E_z$ 可按下式计算：

$$E_z=\pm\frac{(2\sim3)\delta}{y_{fs}}\times100\%$$

式中，$\delta$ 为标准偏差。

如果误差服从高斯分布，标准偏差可以按贝塞尔公式计算，具体公式如下：

$$\delta=\sqrt{\frac{\sum_{i=1}^{n}(y_i-\overline{y})^2}{n-1}}$$

式中，$y_i$ 为某次测量值；$\overline{y}$ 为各次测量值的平均值；n 为测量次数。

4. 迟滞(Hysteresis)现象

迟滞特性能表明传感器在正向(输入量增大)行程和反向(输入量减小)行程期间,输出－输入特性曲线不重合的程度。在行程环中,同一输入量 $x_1$ 对应上下行程的输出量 y、ya 的差值称为滞环误差,这就是所谓的迟滞现象。

在整个测量范围内产生的最大滞环误差用 $\Delta m$ 表示,它与满量程输出值 y. 的比值称为最大滞环误差 $E_{max}$,即:

$$E_{max}=\frac{\Delta m}{y_{fs}}\times 100\%$$

5. 分辨率(Resolution Ratio)

传感器的分辨率是在规定测量范围内所能检测输入量(Detection Input)的最小变化量 $\Delta x_{max}$,有时也用该值相对满量程输入值的百分数 $\frac{\Delta x_{max}}{x_{fs}}\times 100\%$表示。

6. 稳定性(Stability)

稳定性有短期稳定性(Short Term Stability)和长期稳定性(Long Term Stability)之分。对于传感器常用长期稳定性描述其稳定性。传感器的稳定性是指在室温条件下,经过相当长的时间间隔,如一天、一个月或一年后,传感器的输出与起始标定时的输出之间的差异。因此,通常又用其不稳定度来表征传感器输出的稳定程度(Degree of Stability)。

7. 漂移

传感器的漂移是指在外界的干扰下,输出量发生与输入量无关的、不需要的变化。漂移包括零点漂移(Zero Drift)和灵敏度漂移(Sensitivity drift)等。

零点漂移或灵敏度漂移又可分为时间漂移和温度漂移(Temperature Drift)。时间漂移是指在规定的条件下,零点或灵敏度随时间的缓慢变化。温度漂移是指因环境温度变化而引起的零点或灵敏度的漂移。

8. 测量范围和量程(Measuring Range)

(1)测量范围

传感器的测量范围是指其所能测量到的最小输入量与最大输入量的范围($x_{min}$~$x_{max}$)。

(2)量程

传感器的量程是其测量范围的上限值与下限值的代数差($x_{max}-x_{min}$)。

## (二)传感器的动态特性

1. 传感器的动态特性和误差概念

传感器的动态特性是传感器在测量中非常重要的问题,它是传感器对输入激励的输出响应特性。一个动态特性好的传感器,随时间变化的输出曲线能同时再现输入随时间变化的曲线,即输出、输入具有相同类型的时间函数(Time Function)。在动态的输入信号情况下,输出信号一般来说不会与输入信号具有完全相同的时间函数,这种输出与输入间的差异就是所谓的动态误差(Dynamic Error)。

由此可知,有良好静态特性的传感器,未必有良好的动态特性。这是由于在动态的输入信号下,要达到较好的动态特性,不仅要求传感器可以精确地测量信号的幅值(Amplitude),而且需要能测量出信号变化的波形,即要求传感器能迅速准确地响应信号幅值变化和无失真地再现被测信号随时间变化的波形(Waveform)。

影响动态特性的"固有因素",任何传感器都会涉及,不过表现形式和作用程度不同而已。研究传感器的动态特性主要是为了从测量误差角度分析产生动态误差的原因并提出改善措施。具体研究时,一般从时域或频域两方面采用瞬态响应法(Transient Response Method)和频率响应法(Frequency Response Method)来处理。

由于激励传感器信号的时间函数是多种多样的,在时域内研究传感器的响应特性,只能通过对几种特殊的输入时间函数,如阶跃函数(Step Function)、脉冲函数(Impulse Function)和斜坡函数(Ramp Function)等来研究其响应特性。在频域内,一般利用正弦函数研究传感器的频率响应特性。为了便于比较或动态标定,常用的输入信号为阶跃信号和正弦信号,对应的方法为阶跃响应法和频率响应法。

2. 阶跃响应特性

给传感器输入一个单位阶跃函数信号,具体公式如下:

$$u(t)=\begin{cases}0 & t\leqslant 0\\ 1 & t>0\end{cases}$$

其输出特性称为阶跃响应特性。衡量阶跃响应特征的几项指标如下:

①最大超调量(Maximum Overshoot)δ:响应曲线偏离阶跃曲线的最大值,常用百分数表示,能说明传感器的相对稳定性。

②延迟时间 ta:阶跃响应达到稳态值 50%所需要的时间。

③上升时间 t,响应曲线从稳态值的 10%上升到 90%所需要的时间。

④峰值时间 tp:响应曲线上升到第一个峰值所需要的时间。

⑤响应时间 t,响应曲线逐渐趋于稳定,到与稳态值之差不超过±(2%~5%)所需要的时间,也称过渡过程时间。

对于一个传感器而言,并非每一个指标均需要提出,往往只需要提出几个特征明显的指标就可以了。

3. 频率响应特性(Frequency Response Characteristics)

传感器对正弦输入(Sinusoidal Input)信号的响应特性称为频率响应特性。对传感器动态特性的理论研究通常是先建立传感器的数学模型,通过拉氏变换求出传递函数的表达式,再根据输入条件得到相应的频率特性。即:

$$H(j\omega)=\frac{1}{\tau(j\omega)+1}$$

式中，r 为时间函数(s)。

对于传感器单自由度一阶系统，减小时间函数 r 可改善传感器的频率特性。对于传感器单自由度二阶系统，为了减小动态误差和扩大频率响应范围，一般需要提高传感器的固有频率 w，而固有频率 w。与传感器运动部件的质量 m 和弹性敏感元件(Elastic Sensing Element)的刚度 C 有关，即：

$$\omega_n = \sqrt{\frac{C}{m}}$$

可见，增大弹性敏感元件的刚度 C 和减小传感器运动部件的质量 m，可以提高固有频率 w。但是弹性敏感元件的刚度增加，会使传感器灵敏度(Sensor Sensitivity)降低，所以在实际应用中，应综合各种因素确定传感器的各个特征参数。

# 第二节　常用传感器的原理及应用

## 一、电阻传感器(Resistance Sensor)的原理及应用

电阻传感器是将被测的非电参量的变化转换为电阻量的变化的传感器，即通过测量电阻值的变化达到测量被测非电量的目的。常用的电阻式传感器有电阻应变式(Resistance Strain Type)、电位器式(Potentiometer Type)、热敏效应式(Heat Sensitive Effect Type)等类型，本节主要介绍电阻应变式传感器。电阻传感器可以用来测量力、压力、位移、应变、加速度、温度等非电量参数。

电阻应变式传感器的工作原理为电阻应变效应，主要由电阻应变片和弹性敏感元件组成，其中弹性敏感元件用于感受被测量的变化，比如力、压力、位移等，而电阻应变片贴于弹性敏感元件上，与弹性敏感元件产生相同的应力应变。将应变片粘贴在弹性敏感元件上，当弹性敏感元件感受到外力、位移、加速度等参数的变化时，会产生相应的形变，即应变，

这个应变也会被粘贴在弹性敏感元件上的应变片感受到并将其转换为对应电阻值的变化。

(一)金属电阻应变片(Metal Resistance Strain Gauge)

1. 工作原理

金属电阻应变片的工作原理是电阻应变效应,即当金属丝在外力的作用下发生机械形变时,其电阻值也将会随之发生变化,这种现象称为金属电阻应变效应(Metal Resistance strain effect)。

假设金属导体的电阻为 R,则有:

$$R=\rho \frac{l}{S}$$

式中,$\rho$ 为金属导线的电阻率,单位为 $\Omega \cdot m$;l 为金属丝的长度,单位为 m;S 为金属丝的横截面面积,$S=\pi r^2$,单位为 $m^2$;r 为圆形截面的金属丝半径,单位为 m。

当金属电阻丝受到均匀的应力作用时,一段横截面为圆形的金属丝,其半径为 r,长度为 l,当其两端受到均匀的拉力 F 时,在弹性范围内,其长度伸长,横截面面积减小,长度伸长量为 dl,半径减小量为 dr,由此可知其长度、横截面(Cross Section)、电阻率等将发生变化,这些变化将引起电阻值的变化。

2. 基本结构及测量原理

金属电阻应变片的种类很多,但是其基本结构大致相同,先以金属丝绕式电阻应变片的结构为例加以说明。

它由覆盖层、敏感栅(Sensitive Grid)、基底及引线四部分组成。敏感栅由直径为 0.025mm 左右的合金电阻丝绕成,形如栅栏,也可由金属箔制成金属箔式应变片(Metal foil Strain Gauge),它是转换元件,将应力应变转换为电阻值的变化。敏感栅用黏合剂粘贴在绝缘基底上,金属电阻丝的两端焊接有引线,敏感栅上面粘贴有保护的覆盖层。

金属丝绕式电阻应变片使用时粘贴在传感器的弹性元件(Elastic Element)或试件上，弹性元件感受外力的作用，产生微小的机械变形即应变，通过基底(Basal)把应变传递到敏感栅上，应变片的敏感栅也随之发生相同的应变，导致其电阻值发生变化，再通过测量转换电路转换为相应的电压或电流的变化进行输出。基底同时起绝缘作用，覆盖层起绝缘保护(Insulation Protection)作用，焊接于敏感栅两端的引线连接到测量导线上。

根据公式可以得到被测对象的应变值 $\varepsilon$，而根据材料力学中应力应变关系：

$$\sigma=Ee$$

式中，$\sigma$ 为被测弹性元件或试件所受的应力；E 为材料的弹性模量(Elastic Modulus)。

所以由式可知，金属丝绕式电阻应变片可以用来测量应力值 $\sigma$。通过弹性敏感元件，将位移、力、力矩、压力、加速度等非电物理量转化为应变或应力，因此可以用金属丝绕式电阻应变片来测量上述这些量，从而做成各种应变式传感器。

金属电阻应变片得到广泛应用，是由于其具有以下几种优点：

①测量应变的灵敏度和精度高(High Precision)，性能稳定可靠，可以测量 1～2$\mu$e，误差小于 1%。

②应变片尺寸小、重量轻、结构简单、使用方便、响应速度快。测量时对被测件的工作状态和应力分布影响小，既可以用于静态测量(Static Measurement)，也可以用于动态测量(Dynamic Measurement)。

③测量范围大，既可以测量弹性变形，也可以测量塑性变形。变形范围为 1%～20%。

④适应性强，可在高温、高低温、高压、水下、强磁场以及核辐射(Radiation)等恶劣环境下使用。

⑤便于多点测量、远距离测量和遥测等。

3. 应变片的黏合剂和粘贴技术(Paste Technology)

应变片是用黏合剂粘贴到被测试件上的，黏合剂(Binder)形成的胶层必须可靠地将弹性元件或试件上产生的变形传递到应变片的敏感栅上去，所以黏合剂与粘贴技术对测量结果有直接的影响。

(1)黏合剂(Adhesive)

选择黏合剂必须适合应变片材料和被测试件材料及环境，例如工作温度、湿度、化学腐蚀(Chemical Etching)等。对黏合剂要求为：

①有一定的黏结强度；

②能准确传递应力应变，有足够的剪切弹性模量；

③蠕变(Creep)、机械滞后(Mechanical－Hysteresis)小；

④有充分的稳定性能；

⑤耐湿、耐油、耐老化、耐疲劳等。

常用的黏合剂类型有硝化纤维素(Nitrocellulose)黏合剂、氰基丙烯酸酯(Cyanoacrylate)黏合剂、有机硅(Organosilicon)黏合剂等。

(2)粘贴工艺

粘贴工艺是一项技术性很强的工作，只有采用正确的粘贴工艺，才会有良好的测试结果。粘贴工艺包括：

①应变片的检查和阻值检查(Resistance Check)。

②试件表面处理。为了使应变片牢固地粘贴在试件表面上，必须将要贴片处的表面部分打磨，使之平整光洁，清除掉油污、氧化层(Oxide Layer)、锈斑等。

③定位画线。

④粘贴应变片并压合，使黏合剂的厚度减小。

⑤黏合剂固化处理。

⑥引线的焊接处固定及防护与屏蔽(Shielding)。

经固化和稳定处理后，应对应变片进行电阻测量和绝缘性测量。

## (二)半导体应变片(Semiconductor Strain Gauge)

半导体应变片是用半导体材料，采用与金属丝绕式电阻应变片相同的方法制成的。这种应变片常用硅、锗等材料做成单根状的敏感栅，其使用与金属应变片相同。

半导体应变片的工作原理是基于半导体材料的压阻效应。压阻效应是指当半导体材料的某一轴向受外力作用时，其电阻率 p 发生变化的现象。

半导体应变片受轴向力作用时，其电阻相对变化，为半导体应变片的电阻率相对变化，其值与半导体敏感条在轴向所受的应变力之比为一常数。

半导体电阻材料有结晶的硅和锗，掺入杂质形成 P 型和 N 型半导体。其压阻效应是在外力作用下，原子点阵（Atomic Lattice）排列发生变化，导致载流子迁移率及浓度发生变化而形成的。因半导体（如单晶硅）是各向异性材料，因此它的压阻系数不仅与掺杂物浓度（Doping Concentration）、温度和材料类型有关，还与晶向有关。

半导体应变片的突出优点是灵敏度系数（Sensitivity Coefficient）很大，可测微小应变，体积小，横向效应和机械滞后也小。

### （三）电阻式传感器的测量转换电路

因被测量引起的机械应变一般都很小，要把微小应变引起的微小电阻值的变化测量出来，一般在 0.5Ω 以下，同时，要把电阻的相对变化 $\Delta R/R$ 转换为电压或电流的变化就需要专门的测量电路，通常采用桥式电路（Abridge Circuit）实现微小阻值变化的转换。

#### 1. 直流电桥的平衡条件

直流电桥的基本形式 $R_1$，$R_2$，$R_3$，$R_4$ 称为电桥的桥臂，R 为其负载（可以是测量仪表内阻或者其他负载）。

放大器（Amplifier）的输入阻抗很高，比电桥输出电阻大很多，可以把电桥输出端看成开路，$R_L \to 0$ 时，电桥的输出电压 U。当电桥平衡时，U。=0，由式可得：

$$R_1 R_4 = R_2 R_3$$

或

$$\frac{R_1}{R_2} = \frac{R_3}{R_4}$$

上式称为电桥平衡条件(Bridge Balance Condition)。平衡电桥就是桥路中相邻两臂阻值之比应相等。桥路相邻两臂阻值之比相等,方可使流过负载电阻的电流为零。

2. 电桥电压灵敏度(Bridge Voltage Sensitivity)

在实际使用直流电桥时,如果把第一桥臂中的固定电阻 $R_1$ 换成电阻应变片,那么测量时由应力应变的微小变化将引起电阻值的微小变化,电桥则输出微小的不平衡电压。因为输出的电压量为微小量,所以一般需要加入放大器放大。由于放大器的输入阻抗可以比桥路的输出电阻高(High Output Resistance)得多,所以此时电桥仍视为开路情况。假设应变片的电阻变化量为 $\Delta R$,其他桥臂固定不变,则电桥输出电压 $U_{\circ} \neq 0$,将 $R_1$ 变成 $R_1+\Delta R_1$ 代入式,并将式中 $R_1R_4=R_2R_3$ 代入式可得:

$$U_{\circ}=E\left(\frac{R_1+\Delta R_1}{R_1+\Delta R_1+R_2}-\frac{R_3}{R_3+R_4}\right)=E\left[\frac{\Delta R_1R_4}{(R_1+\Delta R_1+R_2)(R_3+R_4)}\right]$$

$$=E\left[\frac{\left(\frac{\Delta R_1}{R_1}\right)\left(\frac{R_4}{R_3}\right)}{\left(1+\frac{\Delta R_1}{R_1}+\frac{R_2}{R_1}\right)\left(1+\frac{R_4}{R_3}\right)}\right]$$

电桥电压的灵敏度正比于电桥供电电压(供桥电压),供桥电压越高,电桥的灵敏度越高,但是供桥电压受应变片所容许输出功率大小的影响,故一般对供桥压力也应适当选择。由于电桥电压灵敏度是桥臂电阻(Bridge arm Resistance)比 n 的函数,所以应该合理地选取桥臂电流比 n 的数值,以保证电桥有较高的通过电流敏感度(Current Sensitivity)。现在来研究,当供桥电压 E 给定时,电流 n 应取何值,电桥电压的精度才高。

得到当 n=1 时,$S_v$ 为最大,也就是说,在供桥电压确定后,当 R1=R2,R3=R4 时,电桥的电压灵敏度最高。

3. 非线性误差(Nonlinear Error)及其补偿方法

在上述分析方法中,可以假设应变片的参数改变极小,而且可省略不计，这是一个很理想的情形，是近似的计算结果，而现实情形下则不然，因为分母中的 $\Delta R_1/R_1$ 不可忽视，此时式中的输出电压 $U_o$ 与 $\Delta R_1/R_1$ 的相关关系是非线性的，因此实际的非线性特性曲线和理想的线性曲线(Linear Curve)的偏差就叫作绝对值非线性误差。

可见，非线性误差 $r_1$ 与 $\Delta R_1/R$ 成正比。对于金属电阻应变片，因为 $\Delta R_1$ 非常小，故电桥非线性误差(Bridge Nonlinear Error)可以忽略，对于半导体应变片，因为灵敏度比金属丝式(Metal wire)大得多，受应变时 $\Delta R$ 很大，故非线性误差不可忽略。

为了减小非线性误差，常采用的措施如下。

①采用差动电桥。

在试件上安装两个工作应变片，一片受拉，电阻增加，一片受压，电阻减小，应变符号相反，测试时将应变片接入电桥的相邻桥臂上，称为半桥差动电路(Half－Bridge Differential Circuit)。

②采用恒流源(Constant Current Source)电桥。

产生非线性的原因之一是在工作过程中，应变片的电阻值产生 $\Delta R$ 的变化，使通过桥臂的电流不恒定，若用恒流源供电。供电电流为 I，通过各桥臂的电流为 $I_1$，$I_2$，$\Delta R_1=0$ 时

$$I_1=\frac{R_3+R_4}{R_1+R_2+R_3+R_4}I$$

$$I_2=\frac{R_1+R_2}{R_1+R_2+R_3+R_4}I$$

$$U_o=I_1R_1-I_2R_3=\frac{R_1R_4-R_2R_3}{R_1+R_2+R_3+R_4}I$$

若电桥初始处于平衡状态，而且 $R_1=R_2=R_3=R_4=R$，当第一臂电阻 $R_1$ 变为 $R+\Delta R$ 时，输出电压为

$$U_o=\frac{R\cdot\Delta R}{4R+\Delta R}I=\frac{1}{4}I\frac{\Delta R}{[\Delta R/(4R)]}$$

由恒流源可知，分母中的 $\Delta R$ 被 4R 除，而式(3－48)恒压源中分母中的 $\Delta R$ 被 2R 除，所以非线性误差减小一半，对于非线性误差较大的半导

体而言，应变电桥一般采用恒流源供电。

### （四）电阻式传感器的应用

圆柱式力（Cylindrical Force）传感器的弹性元件可分实心和空心两种，以实心柱为例，应变片粘贴在弹性体外壁应力均匀的中间部分，并均匀对称地粘贴多片，因为弹性元件的高度对传感器的精度和动态特性有影响。根据材料力学分析和试验研究的结果，对于实心圆柱，一般取 $H \geqslant 2D+l$，而空心圆柱（Hollow Cylinder）一般取 $H \geqslant D-d+l$，其中 H 为圆柱体高度，D 为圆柱外径，d 为空心圆柱内径，l 为应变片基长。贴片在圆柱面上的展开位置及其在桥路中的连接，其特点是 R，$R_3$ 串联，$R_2$，$R_4$ 串联，并置于相对位置的臂上，以减少弯矩的影响，横向贴片当温度补偿用。

圆柱式力传感器的结构简单，可以测量大的拉压力，最大可达 $10^7$ N，在测量 $10^3 \sim 10^5$ N 时，为了提高变换灵敏度和抗横向干扰，一般采用空心圆柱式结构。

## 二、电感传感器（Inductive Sensor）的原理及应用

电感传感器是利用电磁感应原理将被测非电量的变化转换为线圈自感系数 L 和互感系数 M 的变化装置，其核心部分是可变的自感或可变的互感。利用电感传感器可以把连续变化的线位移或角位移转换为线圈的自感或互感的连续变化，经过一定的转换电路再转变成电压、电流或频率信号输出。电感传感器处理可以测量直线位移或者角位移，还可以通过一定的感受机构对一些能够转换成位移量的其他非电量，如振动、压力、应变、流量等进行测量。

电感传感器具有以下特点：

①结构简单，传感器无活动电触点，因此工作可靠，寿命长。

②灵敏度和分辨率高，能测出 0.1$\mu$m 的位移变化。传感器的输出信号强，电压灵敏度一般每毫米的位移可达数百毫伏的输出。

③线性度和重复性都比较好，在一定位移范围，比如几十微米至数毫

米内，传感器的非线性误差可以达到0.05%～0.1%，并且稳定性较好。

因为电感传感器主要是把检测的电流转化成电感量的改变，故按照电感的种类有所不同，可分成自感式传感器和互感式传感器两种。

（一）自感式（Self－Sensing）传感器

当匝数为N的线圈通以电流I时，产生的磁链为业。磁链与线圈电流值的比称为线圈的电感量，简称自感系数L。

在核心结构（Core Structure）和材料确定之后，分母的第一项为常数，此时自感L是气隙厚度δ。和气隙截面面积S的函数，即L＝f（$8_0$，S）。如果保持S不变，则自感线圈L为$8_0$的单值函数，这样可构成变气隙型传感器；如果保持δ。不变，使S随位移而变，则可构成变截面型传感器；当线圈中放入圆柱形衔铁，也是一个可变自感，当衔铁上下移动时，自感量将发生变化，这就构成了螺管型传感器。

当铁芯工作在非饱和状态（Unsaturated State）时，式中分母第一项可忽略不计。由磁路的基本知识可知，线圈匝数为N时，线圈的电感量L为

$$L = N^2 \mu_0 S/28$$

传感器的灵敏度为：

$$k_L = \frac{dL}{d\delta_0} = -\frac{N^2 \mu_0 S}{2\delta_0^2}$$

由于灵敏度k不是常数，故会出现非线性误差，为了减小非线性误差，在实际应用中，一般规定传感器在较小间隙的变化范围内工作，即测量小位移，或者采用差动连接（Differential Connection）。

由两个传感器构成差动工作方式，衔铁最初时居中，两侧初始电感为$L_0$，当衔铁有位移时，两个线圈的间隙一个增加，一个减少，假设所测工件直径增加时，$\delta_1$减小，$\delta_2$增加，线圈自感量与气隙厚度成反比，则$L_1$增加，$L_2$减小，把两个线圈接入电桥的相邻桥臂，输出的灵敏度比半桥单臂（A Half Bridge Arm）提高一倍，并且可以降低非线性误差，消除外界干扰。$\delta_0$不变，改变S时为变截面型自感式传感器，它具有较好的线性，自

由行程比较大，制造装配比较方便，但灵敏度较低。

螺管自感式传感器在螺管线圈中插入一个活动衔铁，活动衔铁在线圈中运动时，磁阻发生变化，从而使自感 L 发生变化。螺管自感式传感器(Screw Tube Self－Induction Sensor)结构简单，制造装配容易，空气隙大，磁路的磁阻高，灵敏度低，线性范围大；此外还具有自由行程可任意安排、制造方便等优点，在批量生产中的互换性较好，给测量仪器的调试、装配、使用带来了很大的方便，尤其在使用多个测微仪(Micrometer)组合来测量物体形状的时候。在实际应用中通常也采用差动的结构。将铁芯置于两个线圈中间，当铁芯移动时，两个线圈的电感量产生相反方向的增减，然后利用电桥将两个电感接入电桥的相邻桥臂，以获得比半桥单臂工作方式更好的线性度和更高的灵敏度。

(二)互感式(Mutual Inductance)传感器

互感式传感器是将被测量的变化转换为变压器的互感系数的变化。当一次线圈接入激励电压后，二次线圈将产生感应电压输出，互感系数变化时，输出电压将做相应的变化。通常这种变压器的二次线圈接成差动的形式，故又称为差动变压器式传感器。

差动变压器结构形式较多，但其工作原理基本一样，现以螺管型差动变压器为例来介绍。螺管型差动变压器可以测量 1～100mm 的机械位移，具有测量精度高、灵敏度高、结构简单、性能可靠等优点，所以应用广泛。

螺管型差动变压器结构，它由初级线圈 P、两个次级线圈 $S_1$ 和 $S_2$ 和插入线圈中央的圆柱形铁芯 b 组成。差动变压器线圈连接，次级线圈反极性串联。当初级线圈加上某一频率的正弦交流电压 U,后，次级线圈产生感应电压为 $U_1$ 和 $U_2$，它们的大小与铁芯在线圈内的位置有关。$U_1$ 和 $U_2$ 反极性连接便得到输出电压 U0，$U0=U_1-U_2$。

当铁芯位于线圈中心位置时，$U_1=U_2$，$U_0=0$；

当铁芯向上移动时，$U_1>U_2$，$|U_0|>0$，$M_1$ 大，$M_2$ 小；

当铁芯向下移动时，$U_2>U_1$，$|U_0|>0$，$M_1$ 小，$M_2$ 大。

铁芯偏离中心位置时，输出电压随铁芯偏离中心位置，$U_1$ 或 $U_2$ 逐渐加大，但相位相差 180，实际上，铁芯位于中心位置，零电位并不是输出电压 U。而是 $U_1$，$U_1$ 被称为零点残余电压。虚线为理想特性曲线，实线为实际特性曲线。$U_1$ 产生的原因很多，比如变压器制作工艺和导磁体安装等问题，$U_1$ 一般在几十毫伏以下。在实际使用时，必须设法减小 $U_1$，否则会影响传感器的测量结果。

（三）电感传感器的应用

1.变气隙式差动电感压力传感器

变气隙式差动电感压力传感器，这是一种气体压力传感器的结构原理图，被测压力 P 变化时，弹簧管的自由端产生位移，带动衔铁移动，使衔铁与其中一个铁芯之间的气隙减小，另一个增加，则其中一个自感系数 L 增加，另一个自感系数减小。初始位置可由调节机械零点螺钉来调节，也就是调整机械零点，使输出为零。

2.电感式微压力传感器

将差动变压器和弹性敏感元件（膜片、膜盒和弹簧管等）相结合，可以组成各种形式的压力传感器。在被测压力为零时，膜盒在初始状态，此时固接在膜盒中心的衔铁位于差动变压器线圈的中间位置，两个次级线圈的互感系数相等，因而输出为零。当被测压力由接头传入膜盒时，其自由端产生一个正比于被测压力的位移，并带动衔铁在差动变压器线圈中移动，从而使差动变压器输出电压。经相敏检波、滤波后，其输出电压可反映被测压力的数值。

3.互感式加速度传感器

衔铁受震动和加速度的作用，使弹性支撑弹簧受力变形，与弹簧连接的衔铁的位移大小反映了振动的幅度和频率以及加速度的大小，初始时加速度为零，差动变压器线圈的中间位置，两个次级线圈的互感系数相等，因而输出电压为零，当有加速度时，衔铁在差动变压器线圈中移动，从而使差动变压器输出电压。经相敏检波、滤波后，其输出电压可反映被测压力的数值。

## 三、电涡流式传感器的原理及应用

### （一）工作原理

根据法拉第电磁感应原理。将块状的金属导体置于变化的磁场 $H_1$ 当中或者在磁场中做切割磁感线运动时，导体内将会产生旋涡的感应电流 $I_1$，这种电流叫电涡流，这种现象称为涡流效应，电涡流式传感器就是在这种涡流效应的基础上建立起来的。要形成这种涡流必须具备两个条件：一是存在交变的磁场；二是导体处于交变的磁场当中。因此，电涡流式传感器主要由产生交变磁场的通电线圈和置于线圈附近而处于交变磁场中的金属导体两部分组成。金属导体可以作为被测对象本身。因为涡流渗透的深度与传感器线圈的激励信号频率有关，故传感器可分为高频反射型和低频透射型两类电涡流式传感器。

#### 1. 高频反射型电涡流式传感器

（1）工作原理

如果把一个扁平线圈置于金属导体附近，当线圈中通以正弦交流电流 $I_1$ 时，线圈的周围就产生了正弦交变磁场 H，处于此交变磁场中的金属导体内就产生涡流 $I_2$，此涡流也将产生一个交变磁场 $H_2$，$H_2$ 的方向与 $H_1$ 的方向相反，由于磁场 $H_2$ 的作用，涡流要消耗掉一部分能量，从而使产生磁场的线圈阻抗发生变化。

（2）等效电路

线圈与金属导体之间存在磁的联系。若把金属导体看成一个短路的线圈。线圈与金属导体之间可以定义一个互感系数 M，它将随着线圈与导体之间的距离 x 的减少而增大。根据基尔霍夫定律可以列出两个 KVL 方程 $R_1$、$L_1$—线圈的电阻和电感；$R_2$、$L_2$—金属导体的电阻和电感；u,i,—激励电压、电流；$i_2$—电涡流。

等效电感中第一项为 L，其与磁效应有关，若金属导体为非磁性材料，那么 $L_1$ 就是空心线圈的电感；当金属导体是磁性材料时，$L_1$ 将增大，而且随着 x 的变化而变化。第二项与涡流效应有关，涡流引起的反磁场 $H_2$ 将使电感减小，x 越小，电感减小的程度就越大。

等效电阻 R 常常通过与原来的阻值 $R_1$ 不断比较并取较大值来得到，这是因为涡流损耗、磁滞损耗等会使其实际取值变大。金属导体材质的导电性能以及线圈与导体的距离大小，均会影响取值。

由以上可知，被测参数变化，既能引起线圈阻抗 Z 的变化，也能引起线圈电感 L 和线圈 Q 值变化。所以涡流传感器所用的转换电路可以选用 Z,L,Q 中的任一参数，并将其转换成电量，达到测量的目的。这样，金属导体的电阻率 p、磁导率 $\mu$、线圈与金属导体的距离 x 以及线圈激励电流的角频率 w 等参数，都将通过涡流效应和磁效应与线圈阻抗发生联系，即线圈阻抗 Z 是这些参数的函数，可以写成：

$$Z=f(p,\mu,x,w)$$

由式可知，控制其中大部分参数恒定不变，只改变其中的一个参数，则阻抗就是这个参数的单值函数。因此，测量电路的任务就是把这些参数的变化变换为电压或者频率的变化。

高频反射型电涡流式传感器具有以下特点：结构简单、体积小、灵敏度高、测量线性范围大（频率响应宽）、抗干扰能力强、不受油污等介质的影响，并且可以进行无接触测量等。电涡流式传感器可用于测量位移、厚度、速度、表面温度、电解质浓度、应力、材料损伤等。因涡流的渗透深度与传感器线圈的激励信号频率有关，故电涡流传感器可分为高频反射型和低频透射型两种。

(3)高频反射型电涡流式传感器的结构

高频反射型电涡流式传感器由探测器外壳和放置于探测器外壳内部的线圈构成，目前使用较为广泛的是扁平线圈。线圈的导线通常应选择电阻率较低的金属材质，并使用高强度漆包线。导线外壳需要使用热损耗较低、电性能高、热膨胀系数较低的材质，通常使用聚四氟乙烯、高频塑料、环氧玻璃钢等。当接收线圈的壳体端面采用胶接的方式时,通常也可使用粘贴应变片所用的胶水。

2. 低频透射型电涡流式传感器

上述讨论的电涡流效应中,金属导线内的涡流所形成的反磁及涡流要消耗掉部分能量,均将被上述效应“反射”回去,并影响了原激励输入线圈的阻抗。为使反射型效应效果更佳,激发频率要高,穿越深度也要小,在实践中此类型的涡流传感器应用较多。此外,如果将激发频率降低,则涡流的穿越深度也增加了,可作为低频透射型传感器。

音频(频率较低)涡流测厚仪的工作原理,发射线圈 $L_1$ 和接收线圈 $L_2$ 绕在绝缘框架上,分别安放在被测材料 M 的上下方。低频电压 U 加到 $L_1$ 上,线圈中的电流 i 将产生一个交变磁场,若线圈之间不存在被测材料 M,$L_1$ 产生的磁场将直接贯穿 $L_2$,感生出交变电动势 e,其大小与 U 的幅值、频率 f 以及 $L_1$、$L_2$ 线圈的匝数、结构以及两者的相对位置有关。如果这些参数是确定的,那么 e 就是一个确定的值。

在 $L_1$、$L_2$ 之间放置金属材料 M 后,$L_1$ 所产生的磁力线就必然通过金属 M,并在其中形成涡流,而涡流又损耗了部分磁能,使 $L_2$ 的磁力线逐渐下降,从而引起感应电动势 e 减小。M 的材质厚度 d 越大,涡流愈大,而涡流所产生的热损耗就愈大,e 也愈小,据此得知,e 的多少反映了材质厚度 d 的变化规律。

实际上,材料中涡流的大小还与材料的电阻率 p 以及其化学成分、物理状态(特别是温度)有关。这些将成为误差因素,并限制了测厚的应用范围,实际中应考虑补偿。

涡流式传感器的特点是结构简单,易于进行非接触的连续测量,灵敏度较高,适用性强,因此得到了广泛的应用,它的变换量可以是位移 x,也可以是被测材料的性质(电阻率 p 或磁导率 $\mu$),其应用大致有以下几方面:

①利用位移 x 作为变换量,可以是被测量位移、厚度、振幅、振摆、转

速等传感器，也可以做成接近开关、计数器等；

②利用材料的电阻率 p 作为变换量，可以做成测量温度、材质判别等传感器；

③利用磁导率 $\mu$ 作为变化量，可以做成测量应力、硬度等的传感器；

④利用变换量 x，p，$\mu$ 等的综合影响，可以做成探伤装置等。

（二）电涡流式传感器的测量电路

用于电涡流式传感器的测量电路主要有调频式电路、调幅式电路两种。

1. 调频式测量电路

调频式测量电路的原理图，传感器线圈接入 LC 振荡回路，当传感器与被测导体距离 $x_0 \pm \Delta x$ 改变时，在涡流的影响下，传感器的电感变化将导致振荡频率的变化，该变化的频率是距离 x 的函数 $f=L(x)$，该频率由数字频率计直接测量，或者通过 f－U 变换，用数字电压表测量对应的电压。

2. 调幅式测量电路

传感器线圈 L 与电容器 C 并联组成谐振回路，石英晶体组成石英晶体振荡电路。石英晶体振荡器起一个恒流源的作用，给谐振回路提供一个稳定频率(fo)、激励电流 i。LC 回路输出电压为 $U_0=i_0 f(Z)$式中，Z 为 LC 回路的阻抗。

当金属导体远离或被去掉时，LC 并联谐振回路谐振频率即为石英晶体振荡频率 f，回路呈现的阻抗最大，谐振回路上的输出电压也最大；当金属导体靠近传感器线圈时，线圈的等效电感 L 发生变化，导致回路失谐，从而使输出电压降低，L 的数值随距离 x 的变化而变化，因此输出电压也随 x 而变化。输出电压经过放大、检波后，由指示仪表直接显示出 x 的大小。

（三）电涡流式传感器的应用

1. 位移测量

由电涡流传感器的工作原理可知，电涡流式传感器的等效阻抗 Z 与被测材料的电阻率 p、磁导率 $\mu$、励磁频率 f 及线圈与被测件间的距离 x 有关。当 p,$\mu$,f 确定后,Z 只与 x 有关,通过适当的测量电路,可得到输出电压与距离 x 的关系。输出电压与位移在中部呈线性关系,一般线性范围为扁平线圈外径的 1/5～1/3,线性误差为 3%～4%。依据该关系,电涡流式传感器可以测量位移如汽轮机主轴的轴向窜动,金属材料的热膨胀系数、钢水液位等。量程范围可以从 0～1mm 到 0～30mm,一般分辨率为满量程的 0.1%。

2. 转速测量

一个旋转金属体上有一个 N 个齿的齿轮,旁边安装电涡流式传感器,当旋转体转动时,齿轮的轮齿与传感器的距离变小,电感量变小;距离变大,电感量变大,经电路处理后,周期性地输出信号,该输出信号频率 f 可用频率计测出,然后转换成转速。

3. 涡流膜厚测量

利用电涡流式传感器能够检测金属表面的氧化膜、漆膜和电镀膜等一种的厚度;但是金属材料的性质不同,膜厚检测的方式也有很大的不同。下面介绍一种金属表面氧化层厚度的测量方法,它是各种厚度测量方法中较为有效的方法。

氧化物层膜材料厚度计算方式,假设在某金属材料表层上有氧化物层,则电感传感器与金属材料表层之间的距离为 x;金属材料表层电涡流对感应器线圈中磁场具有反效应,从而使传感器的电感量发生变化,设此时的电感量为 $L_0-\Delta L$;若金属材料表层无氧化物层,感应器与其表层间距为 $x_0$,则相应的电感量为 $L_0$,所以,若该金属材料表层的氧化物层厚度为 $x_0-x$,该材料厚度也就可根据电感量的变化规律而测出。

## 四、电容式传感器的原理及应用

电容式传感器是将被测非电量的变化转换为电容量变化的一种装置,实际上是一个具有可变参数的电容器。

电容式传感器具有结构简单、体积小、动态响应快、易于实现非接触测量、温度稳定性好等优点，随着电子技术的发展，它易受干扰和分布电容影响等缺点不断得到克服。电容式传感器广泛应用于压力、位移、加速度、液位、成分含量等测量之中。

(一)工作原理

电容式传感器的基本原理可以用平板电容器来说明，当忽略边缘效应时，其电容 S 为两极板相对覆盖面积，单位为 $m^2$；d 为极板间距离，单位为 m；ε 为电容极板间介质的介电常数，单位为 F/m；ε。为真空介电常数，$\varepsilon_0 = 8.85 \times 10^{-12}$ F/m；ε，为相对介电常数，单位为 F/m。

d,S 和 ε，中的某一项或者几项有变化时，就会改变电容 C。d,S 的变化可以反映线位移或角位移的变化，也可以间接反映压力、加速度的变化；e，的变化可以反映液面高度、材料厚度等的变化。d,S,ε，三个变量中任意两个为常数而只改变其中一个参数时，电容就会发生变化，所以电容式传感器可分为三种类型：变极距(变间隙 d)型、变面积(S)型、变介质型(ε)型。

(二)类型

1. 变极距型电容式传感器

当二极板体积和介电常数均为常数时，通过改变平板电容之间的极间隙而改变电容的电容式传感器为变极距型电容式传感器。电容量 C 和极板间距离 d 并非线性关系，而是双曲线关系。若电容器极板距离由初始值 d。缩小 Δd，极板间的距离由 d。变为 $d_0 - \Delta d$，其电容量分别为 C。和 C。

改变极距的传感器能够用减少极距 $d_0$ 来增加灵敏度，但实际上 $d_0$ 受电极表面粗糙度和极距非常小时的击穿电压所限制，因此极距不能无穷小。

由于变极距型电容式传感器存在原理上的非线性误差，在实际应用中，为了提高传感器的灵敏度和克服某些外界因素(如电源电压和环境温

度等)对测量的影响,常把传感器做成差动的形式,即为变极距差动型电容式传感器。当动极板移动后,$C_1$ 和 $C_2$ 做差动变化,即其中一个电容量增大,而另一个电容量减小,假设动极板向上移动,则 $d_1$ 减小,$d_2$ 增加,使得 $C_1$ 增加,$C_2$ 减小,这样可以消除外界因素所造成的测量误差和减小非线性误差。

2. 变面积型电容式传感器

极板间距和介电常数为常数,平板电容器的面积为变量的传感器称为变面积型电容式传感器。变面积型电容式传感器有线位移型和角位移型两种,线位移型电容式传感器又分为平面线位移型和圆柱线位移型。

角位移型电容式传感器,$\theta=0$ 时的电容量为:

$$C=\frac{\varepsilon_0\varepsilon_r S_0}{d}$$

式中,$S_0$ 为两极板的相对面积,d 为两极板间的极距。由以上分析可知,变面积型电容式传感器的输入、输出呈线性关系,但灵敏度比变极矩形低,适用于较大线位移和角位移的测量。变面积型电容式传感器通常也采用差动形式,传感器输出的灵敏度可提高一倍。

3. 变介质型电容式传感器

极板面积和极板间距为常数,而平板电容器的介电常数为变量时称为变介质型电容式传感器。变介质型电容式传感器,在固定两极板之间加入空气以外的其他被测固体介质,当介质变化时,电容量也随之变化。忽略边界效应,假设空气相对介电常数为 $\varepsilon$,固体介质相对介电常数为 $\varepsilon'$,极板面积为 S,极板间距为 d,$\varepsilon_0$ 为真空介电常数,则电容量为:

$$C=\frac{\varepsilon_0 S}{d_1/\varepsilon+d_2/\varepsilon'}$$

由两极板间距离为 d,得 $d_1=d-d_2$,则电容量为:

$$C=\frac{\varepsilon_0 S}{(d-d_2)/\varepsilon+d_2/\varepsilon'}=\frac{\varepsilon_0 S}{d/\varepsilon+d_2(1/\varepsilon'-1/\varepsilon)}$$

由式可知,当极板面积 S 和极板间距 d 一定时,电容量大小与被测固

体材料的厚度 $d_2$ 和被测固体材料的介电常数有关。如果已知材料的介电常数,可以制成测厚仪,而已知材料的厚度,可以制成介电常数的测量仪。

## (三)测量转换电路

电容式传感器的检测元件将被测非电量转换为电容的变化量后,由于电容值非常小,不能直接用现有的显示仪表显示,难以传输,因此,需要用测量电路把电容量的变化转换成与其成正比的电压(电流或频率)等电信号,以便显示、记录或传输。与电容式传感器配用的测量电路有很多,常用的有调频振荡电路、运算放大器式电路和桥式电路等。

### 1. 调频振荡电路

这种传感器是把电容式传感器作为振荡电路的一部分,当被测量变化使电容量发生变化时,能使振荡频率发生相应的变化。由于振荡器的频率受电容式传感器的电容调制,故称为调频电路。电容式传感器的传感元件 $C_x$ 被接在 LC 振荡回路中,或作为晶体振荡器中石英晶体的负载电容。当传感器的电容值发生变化(ΔC)时,其振荡频率改变,从而实现了由电容到频率的转换。

由于温度传感器实际输出主要变化量为频率 Δf 和幅值 Δu 两种,为控制信号幅值的改变,常在其后增加限幅放大器,使幅值变成定值,以便使实际输出的主要变化量只是 Δf,以用于确定被测量的值。又因为测试控制系统是非线性的,且不方便用测试仪表表示,因此宜在限幅器的后部增加鉴频器(Discriminator),用来补偿系统各部分的非线性变化,使整个测试控制系统线性化,并把频率信息转化为电压或电流等的模拟量传递至信号处理放大器,加以放大。若想获得数字量,则再加以模数转换等处理,使信息转换成数字信号,以便于数字显示及数字控制等。

调频测量电流的特点是灵敏度高,可以测量 0.01pF 甚至更小的电容变化量。另外,其抗干扰能力强,能获得高电平(High level)的直流信号,也可获得数字信号输出。其缺点是振荡频率受温度变化和电缆分布电容影响较大。

2. 运算放大器式电路

由于运算放大器的放大倍数 K 非常大，而且输入阻抗 Z 很高，运算放大器的这一特点可以作为电容式传感器的比较理想的测量电路。

运算放大器的输出电压与动极板机械位移 d(极板距离)呈线性关系，运算放大器式电路解决了单个变极矩型电容式传感器的非线性问题。由于实际使用的运算放大器的放大倍数 K 和输入阻抗 Z 总是一个有限值，所以，该测量电路仍然存在一定的非线性误差；当 K，Z 足够大时，这种误差是相当小的，可以使测量误差控制在要求范围内，因此，这种电路仍然有其优点。

3. 桥式电路

桥式电路是将电容式传感器接入交流电桥作为电桥的一个臂(另一个臂为固定电容)，或者两个相邻臂都接入电容，另两个臂可以是电阻或电容或电感，也可以是变压器的两个二次绕组。另两个臂是紧耦合电感臂的电桥具有较高的灵敏度和稳定性，且寄生电容影响极小，大大简化了电桥的屏蔽和接地，适合在高频电源下工作，而变压器式电桥使用元件最少，桥路内阻最小，因此目前较多采用。

电感一电容电桥，以交流变压器的两个二次绕组 L、$L_2$ 和差动容量传感器上的两个电容 $C_1$、$C_2$ 为电桥的四个桥臂，由高频稳幅的交流电源给电桥供电。电桥的输出功率通常是一个调幅值，然后经过放大、相敏检波、滤波等处理后，可以得到与所测电压值相对应的数据，最后将数据显示在仪表中。

电容电桥的主要特点有：①高频交流正弦波供电；②电桥输出调幅波，要求电源电压波动极小，需要采用稳幅、稳频等措施；③通常处于不平衡工作状态，所以传感器必须工作在平衡位置附近，否则电桥非线性增大，且在要求精度高的场合应采用自动平衡电桥；④输出阻抗很高(一般达到几兆欧至几十兆欧)，输出电压低，必须后接高输入阻抗，用高放大倍数处理电路。

### （四）电容式传感器的应用

电容式传感器的应用广泛，它不仅可应用在厚度、位移、速度、浓度、物位等物理量测量中，而且可用于测量力、差价、流量、成分等参数。下面举几个例子说明电容式传感器的应用情况。

#### 1. 电容式压力传感器

差动型电容式压力传感器，其主体由金属材料弹力薄膜和镀金凹式玻璃圆片构成。当被测量的压力 P 经由滤网进入室腔时，受到金属材料弹力薄膜两端的电压差影响，使弹力薄膜凸向一侧，从而产生位移，该位移改变了两个镀金凹陷玻璃圆片和金属材料弹力薄膜之间的电容量。因此该类感应器的精度和分辨率均很高。其敏感度一般由初始间距 $d_0$ 决定，$d_0$ 越小，敏感度就越高。实验证明，该传感器能够检测 0～0.75Pa 的细微差压变化。其移动响应速度大部分是依靠弹性薄膜的固定时间。

#### 2. 电容式测厚仪

被测金属带材与两侧电容极板构成两个电容 $C_1$ 和 $C_2$，把两电容极板连接起来，它们和带材间的电容为 $C = C_1 + C_2 = 2C_0$。当带材厚度发生变化时，会导致两个电容器 $C_1$、$C_2$ 的极距发生变化，从而使电容值也发生变化，比如当带材厚度增加时，电容极距变小，则 $C_1$、$C_2$ 增加，轧辊压力增加；反之，当带材厚度变薄时，电容极距变大，$C_1$、$C_2$ 较小，则使轧辊压力减小。把变化的电容送到转换电路，最后由仪表显示出金属带材变化的厚度。

#### 3. 电容式加速度传感器

电容式加速度传感器，质量块 4 用两根簧片 3 支撑，并放在含有气体的壳体 2 内。在测定垂直于运动方向上的直线加速度时，将感应器壳体紧固在被测振荡体上，由振荡体的振荡引起壳体相比于质量块移动，从而使壳体 2 上连在一起的两个固定极板 1，5 相比于质量块 4 移动，使得由上固定极板5与质量块4的A面(磨平抛光)构成的电容值C,及下固定极板1与产品质量块4的B面(磨平抛光)构成的电容值C。相应变化,一组增加,一组减少,它们的平均值正比于所测加速度。因为使用了气体阻尼,对空气黏性的温度系数较液体低得多,所以这个空气加速度感应器的准确性很好、频响覆盖范围很广、量程较宽,也能进行很好的加速度数值的检测。

## 五、压电传感器的原理及应用

某些电介质,在沿某个方向上遭受外力的影响而形成变化后,其内部结构会出现极化过程,并在它的两侧或相邻表面上形成正负方向对立的电荷。当外力消除后,它就会退回到不带电的位置,而这个情况为正压电效应。当作用力的传播方向发生变化时,电荷的极化就会相应发生变化。反之,如果在电导体的极化方向上施以电荷,这些电导体就会发生变化,当电荷消除时,电导体的变化相应减弱,这个过程就叫作逆压电效应。而根据电介质压电效应原理制作的感应器就叫作压电传感器。

压电传感器具有工作频率宽、灵敏度高、结构简单、体积小、质量轻、工作可靠等特点,主要应用在各种动态力、机械冲击、振动测量、生物医学(Biomedical)、超声、通信、宇航等领域。

### (一)压电效应

#### 1. 正压电效应

压电体受到外界一定方向的机械力作用发生形变时,内部就会产生电极化,并导致压电体两端表面内出现符号相反的束缚电荷,其电荷密度与外机械力成正比。当施加的机械力作用消失后,压电体又恢复到不带电状态;当作用力的方向发生改变时,内部的极性也随之改变,这种现象称为正压电效应。

压电传感器大多利用正压电效应制成。由于外力的作用,在压电元件上产生的电荷只有在无泄漏的情况下才能完好地保存,即需要测量的转换电路具有无限大的输入阻抗，在实际应用中实现比较困难，所以压电式传感器一般不用于静态力的测量。压电元件在交变力的作用下，电荷可以不断补充，可以供给测量转换电路一定的电流，因此，压电式传感器多用于动态测量。未加压力时拉伸外力压缩外力

2.逆压电效应

逆压电效应又称为电致伸缩效应。压电体在其极化方向受到外电场作用时，就会产生机械形变或机械压力，这种应变大小与电场平方成正比，与电场方向无关。当施加的电场撤去时，这些机械形变或机械压力也随之消失，这种现象称为逆压电效应。具有正压电效应的固体，也必定具有逆压电效应，反之亦然。正压电效应和逆压电效应总称为压电效应。未加压力时外加电场外加反向电场

(二)压电材料

压电材料就是有压电效应的晶体材料，它可分为无机压电材料、有机压电材料和复合压电材料三类。

无机压电材料分为压电晶体(Crystal)和压电陶瓷(Ceramic)，压电晶体一般是指压电单晶体；压电陶瓷则泛指压电多晶体。压电陶瓷是指用必要成分的原料进行混合、成型、高温烧结，由粉粒之间的固相反应和烧结过程而获得的微细晶粒无规则集合而成的多晶体。

高分子压电涂层又名高分子压电材料，如聚偏氟乙烯(PVDF)(薄膜)及以它为表征的一些高分子压电(涂层)材料。这一类物体性能柔韧，以低密度、低电阻系数和高压电电压常量(g)等特性为世人所知，且开发十分迅速，在水声超声测量、气压感应、引燃引爆等领域得到普遍应用。缺点是压电反应常数(d)较低，使其开发制作有源换能器受到了较大的制约。

复合压电传感器材料，是在以有机高分子(Polymer)材料为基础的复合材料中镶嵌片状、棒状、杆状甚至粉末状压电传感器材料组成的，具有无机和有机压电传感器材料的特性，并能形成两种材料都没有的特点。

能够按照要求，综合两种材料的优势，做出优异特性的换能器和传感器。在其他的超声换能器材料和传感器方面，压电复合材料也具有很大优越性。目前已经在水声、电声、超声波、生物医学等领域中获得了普遍使用。假如将它做成水声换能器，则其不但拥有超高的静水压响应速度，而且耐冲击、不易损坏，并且还可以用于不同的测量深度。复合压电材料比普通压电陶瓷更适合用于制造水声换能器。

压电材料可以因机械变形产生电场，也可以因电场作用产生机械变形，这种固有的机电耦合效应使得压电材料在工程中得到了广泛的应用。例如，压电材料已被用来制作智能结构，此类结构除具有自承载能力外，还具有自诊断性、自适应性和自修复性等功能，在未来的飞行器设计中占有重要的地位。

（三）压电式传感器的结构与工作原理

压电效应的根本原理在于，只要对压电物质施加压力，它们之间就能形成电位差（叫作正压电效应），反之施以电压，则形成机械应力（叫作逆压电效应）。假设压力为一个高频振动，那么实际发生的只是高频电流。当高频电信号加到压电瓷器上时，即形成了高频声信号（机械振动），也正是人们平时所说的超声波标志。也就是说，压电陶瓷具备机械能和电能之间相互的正转化和逆转变的特性。

1. 声波的本质和分类

声波是一种机械波，主要分为以下三类：

①可闻声波：振动频率在 20Hz～20kHz 的范围内，可被人耳感觉。

②次声波：振动频率在 20Hz 以内，一般人耳无法感觉到，但不少哺乳动物可以感觉到。例如，地震爆发前的次声波会导致一些哺乳动物的异常反应。

③超声波：振动频率高于 20kHz 的机械振动波。

2. 超声波的特点

①超声波的传播波形主要分为纵波、横波、表面波等几种。

②超声波具有指向性好、能量集中、穿透本领大的特点，在遇到两种介质的分界面（例如钢板与空气的交界面）时，能产生明显的反射和折射现象，这一现象类似于光波。

③超声波的特性与频率的关系：频率越高，其声场指向性越好，与光波的反射、折射特性就越接近。

3.超声波传感器的工作原理

超声波是指频率高于20kHz的机械波。为了以超声波作为检测手段，必须产生超声波和接收超声波。超声波传感器是一种可逆换能器，利用晶体的压电效应和电致伸缩效应，将机械能与电能相互转换，实现对各种参量的测量。

目前常用的是压电式超声波发生器，它是利用压电晶体的谐振来工作的，该传感器有两个压电晶片和一个共振板，当其两极外加脉冲信号，且频率等于压电晶片的固有振荡频率时，压电晶片将会发生共振，并带动共振板振动产生超声波。反之，如果两电极间未外加电压，当共振板接收到超声波时，将迫使压电晶片振动，将机械能转换为电信号，这时它就成为超声波接收器。

4.超声波传感器的应用

超声波传感器具有成本低、安装维护方便、体积小、可实现非接触测量，同时不易受电磁、烟雾、光线、被测对象颜色等影响，能实现在黑暗、有灰尘、烟雾、电磁干扰和有毒等环境下工作，因此在工业领域得到广泛的应用。

(1)超声波传感器在测井仪中的应用

煤矿立井工程常常通过钻探法建造，在建造过程中应该对成井的半径以及井斜加以测定，进而能够通过测定结果来判断成井洞的倾斜程度和井壁上有没有坍塌、缩径等迹象，从而适时采取保护措施，以提高成井井筒工程质量。对井径、井斜等加以检测，通常有灯光检测方式、重锤打印检测方式、机械测井仪计量法与超声波测量法等。前两种测量方法的准确度较低，无法连续测定，也不能测量井径，因此目前主要使用后两种测量方法。超声波井径、井斜测量具有精度高、使用方便、检测结果直接等优点,同时也是非接触式的测量方法。和其他方法比较,它不受光线、被测对象颜色等因素的影响,被测物在阴暗、有尘埃、浓烟、电气影响、毒性等条件恶劣的自然环境下呈现较强适应性。

(2)超声波在测量液位中的应用

超声波测量液位的基本原理是:由超声探头发出的超声脉冲信号在液体中传播,遇到空气与液体的界面后被反射,接收到回波信号后根据超声波的往返时间可以推算出距离或液位高度。这种利用超声波进行测量的方法相比其他测量方法有很多优点:不需要任何机械传动部件,无须接触被测液体,不怕电磁干扰,属于非接触式测量。因此性能稳定,可靠性高,寿命长,响应时间短,可以方便地实现无滞后的实时测量。

由于空气中的声速随温度改变会造成温漂,所以在传送路径中还设置了一个反射性良好的小板作为标准参照物,以便计算修正。上述方法除了可以测量液位外,还可以测量粉体和粒状体的物位。

5. 超声波液体浓度检测

超声波液体浓度检测是基于超声波在液体中传播速度与液体浓度和温度之间存在函数关系进行的。根据声学原理,液体中超声波传播的速度是液体弹性模量和密度的函数,超声波的速度随液体弹性模量或密度而变化,同时也是溶液质量浓度和温度的函数。因此只要在不同温度下测得超声波的传导速度,即可求出液体的质量浓度。

6. 无损探伤

(1)无损探伤的基本概念

无损探伤一般有三种含义:无损检测 NDT、无损检查 NDI 和无损评价 NDE。

NDT 仅是检查表面现象;NDI 则以 NDT 结论为诊断依据;NDE 则要求对所检查物体的完整性、可靠性等方面做出全面判断。近年来,无损探伤技术已逐渐由 NDT 向 NDE 转变。

(2)无损检测的方法

对于铁磁材料，可采用磁粉检测法；对于导电材料，可用电涡流法；对于非导电材料，可以用荧光染色渗透法。以上几种方法只能检测材料表面及接近表面的缺陷。

采用放射线(X 射线、中子、δ 射线)照相检测法可以检测材料内部的缺陷，但对人体有较大的危险，且设备复杂，不利于现场检测。

除此之外，还有红外、激光、声发射、微波、计算机断层成像技术(CT)探伤等。

超声波检测和探伤是目前应用十分广泛的无损探伤手段。其特点是：既可检测材料表面的缺陷，又可检测内部几米深的缺陷，这是 X 射线探伤所达不到的深度。

(3)超声探伤分类

①A 型超声探伤

A 型超声探伤的结果只能用二维坐标图形态给出。它的横坐标为时间轴，纵坐标为反射波强度。能够在二维坐标图上解析出缺口的深浅、一般宽度等，但比较难确定缺口的性质、种类。

②B 型超声探伤

B 型超声探伤的原理类似于医学上的 B 超。它将探头的扫描距离作为横坐标，探伤深度作为纵坐标，以屏幕的辉度(亮度)来反映反射波的强度。它可以绘制被测材料的纵截面图形。探头的扫描可以是机械式的，更多的是用计算机来控制一组发射晶片阵列(线阵)来完成与机械式移动探头相似的扫描动作，但扫描速度更快，定位更准确。

③C 型超声探伤

目前发展最快的是 C 型超声探伤，它类似于医学上的 CT 扫描。计算机控制探头中的三维晶片阵列(面阵)，使探头在材料的纵、深方向上扫描，绘制出材料内部缺陷的横截面图，这个横截面与扫描声束相垂直。横截面图上各点的反射波强度通过相对应的几十种颜色，在计算机的高分辨率彩色显示器上显示出来。经过复杂的计算，可以得到缺陷的立体图像和每一个断面的切片图像。

当需要观察缺陷的细节时，还可以对该缺陷图像进行放大(放大倍数可达几十倍)，并显示出图像的各项数据，如缺陷的面积、尺寸和性质，并对每一个横断面都可以做出相应的解释和评判其是否超出设定标准。

每一次扫描的原始数据都可记录、存储，可以在以后的任何时刻调用，并打印探伤结果。

(4)纵波探伤的方法

测试前，先将探头插入探伤仪的连接插座上。探伤仪面板上有一个荧光屏，通过荧光屏(Screen)可知工件中是否存在缺陷、缺陷大小及缺陷位置。工作时探头放于被测工件上，并在工件上来回移动进行检测。探头发出的超声波，以一定速度向工件内部传播，如工件中没有缺陷，则超声波传到工件底部便产生反射，反射波到达表面后再次向下反射，周而复始，在荧光屏上出现始脉冲 T 和一系列底脉冲 $B_1$，$B_2$，$B_3$，…，B 波的高度与材料对超声波的衰减有关，可以用于判断试件的材质、内部晶体粗细)等微观缺陷。

荧光屏上的水平亮线为扫描线(时间基线)，其长度与工件的厚度成正比(可调整)。缺陷面积大，则缺陷脉冲 F 的幅度就高，而 B 脉冲的幅度就低。F 脉冲距离 T 脉冲越近，则缺陷距离表面越近。

## 六、光电传感器的原理及应用

### (一)光电传感器的基本原理

一些材料的光电效应是光电传感器实现能量转换的物理基础，从而实现光信号和电信号之间的相互转换。按电子是否逸出材料表面，光电效应可分为外和内两类。其中，外光电效应是指因光照射作用，电子从被照射物体表面逸出的现象，也称为电光效应。光电管、光电倍增管等光电元件是基于外光电效应原理设计的。内光电效应是指在光照射作用下，被照射物体内部的原子释放电子，但是这些电子留在物体内部并不逸出物体表面，从而出现物体的电阻率发生变化并产生电动势的现象。光敏电阻、光敏二极管、光电池等光电元件是基于内光电效应原理设计的。

1. 外光电效应

外光电效应的机理为光电材料被光照射，材料表面的电子吸收光照能量，当吸收的能量达到某个阈值时，电子会挣脱束缚逸出材料表面进入外部空间。根据爱因斯坦的光电子效应理论，光子是移动的粒子流，光子能量为 hv（h 为普朗克常数，h＝6.63×10－34J·s，v 是光波频率）。由该公式可知光子能量和光波频率成正比，假如光子的能量全部转移给电子，那么就会增加电子的能量，一部分能量用于克服正离子的束缚，另一部分能量转换成电子自身能量。由能量守恒定律 $mv^2=hv-w$（其中电子质量为 m，电子逸出表面的初速度为 v，逸出功为 w）可知，要使电子逸出光电材料表面，前提是光子能量大于逸出功，材料不同，逸出功也不同，对于每一种光电材料，入射光都有一个阈值频率，只有入射光的频率大于此阈值才会有电子逸出材料表面。这个频率阈值为“红限”。

2. 内光电效应

半导体材料的价带与导带之间有一个能量间隔为 Eg 的带隙。半导体材料的导电性与导体相比较差是因为价带中的电子不会自发地跃迁到导带，但如果使用某种方式（如光激励等）提供能量给价带中的电子，就能够将价带中的电子激发到导带中，产生的载流子能增加半导体材料的导电性。以光照激励方式举例说明，当入射的光能量 hv 大于 E 时，价带中的电子通过吸收入射光子的能量跃迁到导带中，在原来的位置留下一个空穴，形成可以导电的电子一空穴对，即载流子。这一过程中的电子虽然没有逸出材料表面形成光电子，但显然因光照形成了电效应现象，这种情况为内光电效应。

（二）常见光电器件及其特性

1. 光敏电阻

光敏电阻是采用半导体材料制成的光电器件，又称光电阻、光导管。

光敏电阻的工作原理是基于光电效应，当光敏电阻受到一定波长范围的光照射时，它的电导率增大，电阻值急剧变小。光敏电阻有以下特性：

(1)暗电阻：置于室温、全暗条件下测得的稳定电阻值称为暗电阻，通常大于1MΩ。光敏电阻受温度影响甚大，温度上升，暗电阻减小，暗电流增大，灵敏度下降，这是光敏电阻的一大缺点。

(2)光电特性：在光敏电阻两极电压固定不变时，光照度与电阻及电流间的关系称为光电特性。

(3)响应时间：光敏电阻的时延特性，上升响应时间和下降响应时间为$10^{-3}\sim10^{2}$s。

2. 光敏二极管、光敏三极管

(1)光敏二极管的结构及工作原理

光敏二极管是一种采用PN结单向导电性能的结型光电器件，也叫光电二极管，它是能够将光信号变成电信号的探测器件。通过在PN结上加反向电压，可以在光的照射下反向导通。光敏二极管所用材料一般有硅、锗等。光敏二极管一般有ZDU型和ZCU型两种。一般常用的是ZCU型，它全密封、有金属外壳、顶部有玻璃窗口。光敏二极管具有体积小、重量轻、使用寿命长、灵敏度高等特点。

(2)光敏二极管主要参数

①最高工作电压Umx：在无光照情况下，光敏二极管反向电流不超过0.1μA时，所加的反向最高电压值。

②光电流I：光敏二极管在受到一定光线照射时，加正常反向工作电压时的电流值。

③暗电流I：在无光照情况下，光敏二极管加有正常工作电压时的反向漏电流。

④响应时间T：光敏二极管把光信号转换为电信号所需的时间。

⑤光电灵敏度：表示光敏二极管对光的敏感程度。

(3)光敏二极管应用

光敏二极管有 PN 结型、PIN 结型、雪崩型以及肖特基结型 4 种,其中应用较多的是用硅材料制成的 PN 结型光敏二极管。光敏二极管主要用于自动控制,如光耦合、光电读出装置、红外线遥控装置、红外防盗、路灯的自动控制、过程控制、码器、译码器等。

(4)光敏三极管的结构及工作原理

光敏三极管的结构与一般晶体三极管相似,内部有两个 PN 结,发射结与光敏二极管一样具有光敏特性),集电结与普通晶体管一样可以获得电流增益,因此光敏三极管比光敏二极管具有更高的灵敏度。它在把光信号变为电信号的同时,还放大了信号电流,即具有放大作用。光敏三极管所用材料与光敏二极管材料相同,亦有 PNP 与 NPN 两种类型。

(5)光敏三极管主要参数

①光电流 I:在规定的光照下,当施加规定的工作电压时,流过光敏三极管的电流。光电流越大,说明光敏三极管的灵敏度越高。

②暗电流 Ip:在无光照的情况下,集电极与发射极间的电压为规定值时,流过集电极的漏电流。

③温度特性:温度对光敏三极管的暗电流 Io 和光电流 I 都会产生影响。

④伏安特性:在给定光照度下,光敏三极管上的电压与光流 I 之间的关系。

⑤最高工作电压 VCE:在无光照情况下,集电极电流 Ic 为规定的允许值时,集电极与发射极之间的电压降。

⑥最大功率 PM:光敏三极管在规定的条件下,能承受的最大功率。

(6)光敏三极管的应用

由于光敏三极管具有电流放大作用,因此广泛应用于亮度测量、测速、光电开关电路、光电隔离场合,例如光电耦合器就是将光敏三极管和发光二极管结合,简称光耦。光电耦合器以光为媒介传输信号,它对输入、输出的电信号有良好的隔离作用。值得注意的是，光敏三极管通常基极不引出，但一些光敏三极管的基极有引出，这种一般用于温度补偿和附加控制等场合。

3. 光电池(Cell)

(1)光电池结构

光电池是在光源照射下，直接把可见光转化为电动势的光学元件，它的作用机理为光生伏特效应，简称光伏效应。(光生伏特效应是指光照使不平衡半导体或均匀半导体表面上的光产生离子和空穴，并在空中分散而形成电位差的现象，即将光能转化成电能)有光线作用时的PN结就等于一种电压源。

(2)光电池的主要参数

①开路电压

若将接在光电池两端的外电路断开，那么被P－N结分开的所有过剩载流子便会积累在P－N结附近，并以最大的可能补偿自建电场，产生最大的光生电动势。

②短路电流

如果把光电池短路，被P－N结分开的过剩载流子便能通过短路电路流通产生最大的短路电流。P－N结附近不会有过剩载流子积累，光生电动势为零。

③工作电压和工作电流

若光电池通过负载电阻接通，被P－N结分开的过剩载流子中一部分把自己的能量消耗于降低自建电场，也就是建立工作电压，另一部分载流子流过负载形成工作电流。

④最大输出功率

最大输出功率为光电池接最佳负载时的输出功率。

⑤转换效率

转换效率为光电池在单位面积上取得的最大功率，与太阳垂直照射于光电池单位面积上的功率之比，用百分数表示。

(3)光电池的基本特性

①光谱特性

硅光电池的光谱特性是指用单位辐射通量不同波长的光分别照射硅光电池时，所产生饱和电流的大小，用相对灵敏度表示。

②光照特性

硅光电池在不同的光强照射下有不同的光生电动势和光电流，在不同的照度下，其内阻是不同的，可用不同大小的外接负载近似地满足“短路”条件。不同的负载可以在不同的照度范围内，使光电流和光强保持线性关系。负载电阻越小，线性关系越好，线性范围也较大。

③伏安特性

硅光电池的伏安特性是描述连接不同的负载时，电路输出的电压和电流的关系。在不同照度时，伏安特性是多条相似的曲线。光电流随负载不同在很大范围内正比于入射光强，而电动势趋于饱和。

④频率特性

硅光电池的频率特性是描述光的频率变化和输出电流的关系。硅光电池有很高的频率响应，因此可以用于高速计数等方面，这是硅光电池在所有光电元件中突出的特点之一。

⑤温度特性

硅光电池随温度的升高，开路电压下降较大，大约温升 1℃，电压下降 2～3mV，短路电流随温度的上升变化较小。

## (三)光电传感器的组成

光电传感器是将光信号转换成电信号的一种传感器。它通常由光源、光学通路、光电元件和检测电路四部分组成。光源是由发光二极管(LED)、激光二极管及红外发射二极管等半导体器件充当，用来发射光束；光电元件主要是光电二极管、光电三极管、光电池等半导体器件，用来接收光信号，并将光信号转换成电参量，后面的检测电路，主要对电参量进行放大、整形、滤波转化为有用的电信号。

## (四)光电传感器的应用

### 1.光电传感器技术应用现状

(1)技术特点

①分辨率高。能通过高度集成设计使入射光束高效汇聚在小光点，或通过特殊构成的设计灵敏的光学系统，实现高分辨率，从而实现对微小单元的检测和高灵敏位置检测。

②非接触式检测。光电传感器输入信号和媒介均采用光源进行信息的采集和检测，无须进行机械接触检测，所以不会对检测目标和传感器本身造成损伤，传感器能长期使用。

③响应速度快。光速本身极快，光电传感器本身由电子零件组成，所以不存在机械性(Mechanical)工作时间，响应时间比较短。

④信息容量大。随着快速发展的信息科学技术和高度集成的产品设计，光电传感器能通过本身技术特点实现对待检目标的多方位信息采集检测。

⑤用途广泛。光电传感器技术产业如今已较为成熟，被广泛应用于工业控制、环境检测、医疗检测、军事国防及日常生活等各个领域。

(2)应用现状

近年来，光电传感器已充分融入人们的生活，比如，自动门、光电开关、二维码扫描仪、安检门等；在军事国防方面，水下探测、空气监测、空间测量、枪炮武器的瞄准系统等均涉及光电传感器技术。国外光电传感器技术发展较快，商业化的产品已较为成熟，国内民用领域的光电传感器起步相对较早，已形成“研究—生产—应用”的产业体系，研制出的产品和成果被广泛应用于各个领域，也涌现了一批与国际接轨的优秀研究成果，如非接触类传感检测系统在石油高温、高压等领域的应用。

### 2.应用举例

(1)工业生产方面

①钢铁生产

钢铁生产“越大越好”的理念一直被工业生产领域延续着，在如此背景下，大功率和大体积的光电传感器变成钢铁生产的主体。大型反射式光电传感器，可以对钢索等设备进行扫描监控，因为其分辨率高、响应速度快，及非接触式等技术特点，能及时发现钢索断裂等设备问题，保证钢铁生产的正常运行。

②传送机

组合型传送机是材料处理的关键设备，通过合理控制机动辊和依靠自身局部逻辑的方式，用户能便捷地通过积木搭建的形式进行传送机构建工作。在工业生产过程中，光电传感器辅助积木式传送机科学地控制半导体芯片的路线轨迹。小型的光电传感器可以局部管控传送机的工作，并通过宽光束的发散作用检测芯片颜色，轨道反射因素由检测范围对其控制，整体来说，传送机系统的小型光电传感器作为核心部件，安装简单、穿孔方便、缆线不长等优点使其在工业生产中应用广泛。

除以上应用之外，光电传感器还能对零部件装配线上的产品数量、质量、配件完整性等方面进行统计和检测，如瓶盖是否压紧、商标是否漏贴、送料机构是否断料等。

(2)国防领域方面

现代兵器主要讲求的是精确射击能力，故一些枪炮之类的兵器往往要求使用传感器来进行瞄准、测距、检查等，其中，在重量、速度和温度传感器等技术方面，则使用了较多的光电传感器，如大炮的高低角度和方位角测定使用的一般是精密的光栅式角度感应器，而枪械方面的测定也一般使用电光式数字感应器，目标角速度测定则使用精密的电光式数字感应器，火炮反后坐安装运动特点的测定可采用光电式测速仪，而汽车的运动性能测定使用电光式转速传感器，很显然光电传感器在国家军工领域中是不可或缺的。

(3)信息自动检测方面

①位置偏移检测。光电位置偏移传感器可对新型材料进行检测，利用这一技术可以对具体加工过程中材料的位置、大小、方向是否符合标准进行检测，从而找到具体的错位信号，有利于电路的控制，这项技术通常应用于检测印染、胶片(Film)等方面的问题。

②高度检测。通常产品的包装对充填高度有明确的要求，以达到外观尺寸的规定标准和美观，光电传感器可对不符合标准填充的产品进行检测筛选。

③色质检测。产品包装物料的过程依据的是光电色质检测的原理。假设规定标准的包装底色为白色，因质量不达标或者其他原因造成物品变色，光电传感器能将颜色出现偏差的物品检测出来。进行光电色质检测时，商品变色部分会产生电压差，光电传感器通过检测这一差异信号对变色物品进行排除。光电传感器除具有信息检测作用外，还具备材质分拣、异常自动报警等功能，此外，生活中常见的传感器应用实例还有：光电隔离器、光电探纬器、条码扫描笔等。

## 七、霍尔传感器的原理及应用

### (一)工作原理

金属或半导体薄片置于磁感应强度为 B 的磁场中，磁场方向垂直于薄片，当有电流 I 流过薄片时，在垂直于电流和磁场的方向将产生电动势 E，这种现象称为霍尔效应，该电动势称为霍尔电动势，上述半导体薄片称为霍尔元件。用霍尔元件做成的传感器称为霍尔传感器。

由实验可知，流入激励电流端的电流 I 越大，作用在薄片上的磁场强度 B 越强，霍尔电动势也就越高。霍尔电动势 E，可用下式表示：

$$EH = KHIB$$

式中，KH 为霍尔元件的灵敏度。

若磁感应强度 B 不垂直于霍尔元件，而是与其法线成某一角度 $\theta$ 时，实际上作用于霍尔元件上的有效磁感应强度是其法线方向(与薄片垂直的方向)的分量，即 $B\cos\theta$，这时的霍尔电动势为：

$$EH = KHI\,B\cos\theta$$

从上式可知，霍尔电动势与输入电流 I、磁感应强度 B 成正比，且当 B 的方向改变时，霍尔电动势的方向也随之改变。如果所施加的磁场为交变磁场，则霍尔电动势为同频率的交变电动势。

目前常用的霍尔元件材料是 N 型硅，霍尔元件的壳体可用塑料、环氧树脂等制造。

(二)主要特性参数

1. 输入电阻 R

恒流源作为激励源的原因：霍尔元件两激励电流端的直流电阻称为输入电阻。它的数值从几十欧到几百欧，视不同型号的元件而定。温度升高，输入电阻变小，从而使输入电流 I 变大，最终引起霍尔电动势变大。使用恒流源可以稳定霍尔元件的激励电流。

2. 最大激励电流 Im

激励电流增大，霍尔元件的功耗增大，元件的温度升高，从而引起霍尔电动势的温漂增大，因此每种型号的元件均规定了相应的最大激励电流，它的数值范围为几毫安至十几毫安。

3. 最大磁感应强度 Bm

磁感应强度超过 B…时，霍尔电动势的非线性误差将明显增大，Bm 的数值一般小于零点几特斯拉。

(三)霍尔传感器的应用

1. 霍尔电动势

霍尔电动势是关于 I，B，$\theta$ 三个变量的函数，即 EH＝K，I B$\cos\theta$，这三个变量有多种组合，使其中两个量不变，将第三个量作为变量，或者固定其中一个量、其余两个量作为变量。

①维持 I，$\theta$ 不变，则 EH＝f(B)。这方面的应用有：测量磁场强度的高斯计、测量转速的霍尔转速表、磁性产品计数器、霍尔角码器以及基于微小位移测量原理的霍尔加速度计、微压力计等。

②维持 1，B 不变，则 Ea＝f($\theta$)，这方面的应用有角位移测量仪等。

③维持 $\theta$ 不变，则 EH＝f(Ig)，即传感器的输出 E。与 I，B 的乘积成

正比，这方面的应用有模拟乘法器、霍尔功率计、电能表等。

2. 应用

(1)角位移测量仪

角位移传感器是位移传感器的一种型号，采用非接触式专利设计，与同步分析器和电位计等其他传统的角位移测量仪相比，有效地提高了长期可靠性。它的设计独特，在不使用诸如滑环、叶片、接触式游标、电刷等易磨损的活动部件的前提下仍可保证测量精度。

霍尔器件与被测物联动，而霍尔器件又在一个恒定的磁场中转动，于是霍尔电动势 E 就反映了转角 θ 的变化。

(2)霍尔接近开关

磁极的轴线与霍尔接近开关的轴线在同一直线上。当磁铁随运动部件移动到距霍尔接近开关几毫米时，霍尔接近开关的输出由高电平变为低电平，经驱动电路使继电器吸合或释放，控制运动部件停止移动(否则将撞坏霍尔接近开关)，起到限位的作用。

磁铁和霍尔接近开关保持一定的间隙，均固定不动。软铁制作的分流翼片与运动部件联动。当它移动到磁铁与霍尔接近开关之间时，磁力线被屏蔽(分流)，无法到达霍尔接近开关，所以此时霍尔接近开关输出跳变为高电平。改变分流翼片的宽度可以改变霍尔接近开关的高电平与低电平的占空比。

(3)霍尔电流传感器

霍尔电流传感器能够测量直流电流，它将弱电回路与主回路隔离，输出与被测电流波形相同的"跟随电压"，容易与计算机及二次仪表接口，准确度高、线性度好、响应时间快、频带宽，不会产生过电压等。

霍尔电流传感器工作原理：用一个环形(有时也可以是方形)导磁材料做成铁芯，套在被测电流流过的导线(也称电流母线)上，将导线中电流感生的磁场聚集在铁芯中。在铁芯上开一个与霍尔传感器厚度相等的气隙，将霍尔线性集成电路(IC)紧紧地夹在气隙中央。电流母线通电后，磁力线就集中通过铁芯中的霍尔 IC,霍尔 IC 输出与被测电流成正比的输出电压或电流。

## 八、热电偶传感器的原理及应用

在工业生产过程中,温度是需要测量和控制的重要参数之一。在温度测量中,热电偶传感器的应用极为广泛,它具有结构简单、制造方便、测量范围广、精度高、惯性小和输出信号便于远传等许多优点。热电偶传感器是一种感温元件,是一次仪表,它直接测量温度,并把温度信号转换成热电势信号,再通过电气仪表(二次仪表)转换成被测介质的温度。由于热电偶传感器是一种无源传感器,测量时不需外加电源,使用十分方便,所以常被用作测量炉子、管道内的气体或液体的温度及固体的表面温度。

### (一)热电偶传感器的测温原理

热电偶测温的基本原理是两种不同成分的均质导体 A 和 B 组成闭合回路,当两端存在温度梯度时,回路中就会有电流通过,此时两端之间就存在电动势。此电动势的大小除了与材料本身的性质有关以外,还取决于节点处的温差,这种现象称为热电效应或塞贝克效应。两种不同成分的均质导体称为热电极,两个节点,一个称为工作端,或称热端;另一个称为自由端,或称冷端,自由端通常处于某个恒定的温度下。热电偶就是根据此原理设计制作的将温差转换为电势量的热电式传感器。

热电效应产生的热电势是由接触电动势和温差电动势两部分组成的。

1. 接触电动势

接触电动势产生原因:两种不同的金属互相接触时,由于不同金属内自由电子的密度不同,在两金属 A 和 B 的接触点处会发生自由电子的扩散现象。自由电子将从密度大的金属 A 扩散到密度小的金属 B,使 A 失去电子带正电,B 得到电子带负电,从而产生接触电动势。

假设导体 A 和 B 的自由电子密度为 nA 和 ng,且有 nA＞ng,电子扩散的结果是使导体 A 失去电子带正电，导体 B 获得电子带负电，在接触面形成电场。这个电场阻碍了电子继续扩散，达到动态平衡时，在接触区形成一个稳定的电位差，即接触电动势。

2. 温差电动势

同一导体的两端温度不同时，高温端的电子能量要比低温端的电子能量大，因而从高温端跑到低温端的电子数比从低温端跑到高温端的多，结果高温端因失去电子而带正电，低温端因获得多余的电子而带负电，形成一个静电场，该静电场阻止电子继续向低温端迁移，最后达到动态平衡。

3. 热电偶回路的热电势

在热电偶中起主要作用的是交流感应电动势，而温度电动势仅占了很小的组成部分，可忽视不计。所以，在热电偶中两个节点之间形成的总热电势值等于热端。热电势和冷端热电势值之差，是两节点的总温度差 $\Delta t$ 的函数。

热电势大致与两个节点的温差 $\Delta t$ 成正比。实际应用中，热电势与温度之间的关系是通过热电偶分度表来确定的。分度表是在参考端温度为 0℃时，通过试验建立起来的热电势与工作端温度之间的数值对应关系。常用热电偶分度号有 S，B，K，E，T，J 等，这些都是标准化热电偶。

4. 热电偶应用中常用的几点结论

①热电势的高低只与材料的特性以及两端点的温度相关，而与热电偶的形式、尺寸等没有关系。

②均质导体定律：如果构成热电偶的两个热电极为材料相同的均质导体，则无论两节点温度如何，热电偶回路内的总热电势为零。

③如果热电偶两节点温度相等（$t=t_0$），热电偶回路内的总电势亦为零。

④热电偶 AB 的热电势与 A，B 材料的中间温度无关，只与节点温度

有关。

⑤中间导体定律：在热电偶电路中接入第三种导体，只要该导体的两端温度相同，则热电偶的总热电势不变。

### (二)热电偶温度传感器概述

热电偶通常用来与显示仪表和计算机配套，直接测量各种生产工程中－200～＋1800℃范围内液体、蒸汽和气体介质以及固体表面的温度，由于它结构简单，价格低廉，维修方便，因而广泛用于石油、化工、冶金、电力、机械、食品、塑料、热处理等工业部门，是最简单且可靠的接触式测温传感器。

热电偶按测量元件的结构形式，可分为装配式和铠装式两大类。由于装配式产品的内引线抗震性差，元件易受污染，所以损坏率高，稳定性不好，国外已经很少采用，一般只保留用于测量高温的贵金属热电偶；铠装式结构是将热电极或引线、绝缘材料(一般为高纯氧化镁粉)和金属套管三者拉制形成的坚固实体，它具有直径小、可弯曲、耐高压、抗震动、热响应快和可靠性高等优点，成为国际上广泛采用的先进技术。

### (三)热电偶的结构特点

各种热电偶的外形通常形式各异，但是它们的基本结构却大致相同，通常由热电极、绝缘管、保护管和接线盒等主要部分构成，其结构尺寸基本按照标准加工制作而成。

#### 1.热电极

热电偶热电极的测量端应牢固地焊接在一起，热电极之间套有耐温瓷管便于保护绝缘。双支式热电偶主要用于工艺过程需要有两个显示仪表来同时测量、指示、记录和调节同一地点温度的情况。所有同类型(分度号相同)热电偶热电极的分度特性都是相同的并且可以互换。

#### 2.保护管

根据热电偶的种类、被测介质状况和测量温度高低的不同应采用不同材料制成的保护管,保护管的材料主要分金属和非金属两大类。金属保护管采用碳钢,各种不同牌号的不锈钢、合金钢等制成;非金属保护管主要采用高铝管、刚玉管或其他材料制成。为了加强非金属保护管的机械性能,非工作部分均装有金属管。

(1)接线盒

热电偶接线盒用于连接热电偶参考端和显示仪表,接线盒一般用铝合金或不锈钢等不同材料制成,分为隔爆式、防水式和小型防溅式等。

(2)接线端子

热电偶的接线端子一般用陶瓷制成,装在热电偶的接线盒内,是热电偶的输出端,它分为单支式和双支式两种。

(3)安装固定装置

热电偶的安装固定装置供用户安装固定之用,它分为无固定装置、固定螺纹、活动法兰和固定法兰等几种形式。

## (四)热电偶的技术指标

### 1. 热响应时间

热响应时间也叫热时间常数,是指被测介质从某一温度 t。跃变到另一温度 t 时,传感器测量端由起始温度 $t_0$ 上升到阶跃温度幅度值 t,的某个百分数值所需的时间。热响应时间用 r 表示,反映热电偶的响应快慢。

任何温度传感器都不可能立刻且非常逼真地响应被测温度的变化,原因是传感器具有一定的质量和容量,它对温度的响应速率与传感器本身的特性和所测对象的物理特性有关。要提高温度测量的真实性,必须设法减小热电偶的时间常数,采用直径细的热电极做成裸露式热电偶的时间常数较小。

### 2. 热电偶公称压力

一般是指在工作温度下保护管所能承受的静态压力。容许工作压力不仅与保护管材料、直径、壁厚有关,还与其结构形式、安装方式、置入深度以及被测介质的流速和种类等有关。

3. 热电偶最小置入深度

应不小于保护管外径的 8～10 倍(特殊产品例外)。

4. 热电偶绝缘电阻(常温)

常温绝缘电阻的试验电压为直流 500V±50V。测量常温绝缘电阻的大气条件为温度 15～35℃,相对湿度 45%,大气压力 86～106Pa。

(1)对于长度超过 1m 的热电偶,它的常温绝缘电阻值与长度的乘积应不小于 100,即:

$$RL \geqslant 100M\Omega, mL > 1m$$

式中,R,为热电偶的常温绝缘电阻值,单位为 MQ;L 为热电偶的长度,单位为 m。

(2)对于长度等于或不足 1m 的热电偶,它的常温绝缘电阻值应不小于 100MQ。

## (五)热电偶传感器的应用和发展趋势

1. 热电偶传感器的应用

①钢铁工业:用于连续测量钢水的温度。

②化工行业(热电偶自动检定系统)。

③用于反应堆测温。

④在天然气净化厂中应用。

⑤用于电厂温度的快速测量。

⑥在建筑节能检测中应用。

2. 热电偶传感器的发展趋势

太阳能发电是太阳能利用的一个重要方面,目前人们在太阳能发电方面已经做了大量研究,提出了各种不同的太阳能发电方法,现在应用较多的是太阳能光伏电池发电,这里主要研究的是利用热电偶的热电效应发电。将热电偶串并联形成发电组件,其热端采用聚光集热的方法利用太阳能集中加热，冷端由空气自然冷却，由此形成一种新型的太阳能发电方式。

随着现代化仪表的不断推陈出新和更新换代，仪表的自动控制能力大大加强。同时计算机技术的发展和应用更加广泛，使自动化仪表与计算机相连并自动良好运行成为可能，热电偶自动检定系统是基于现代化仪表的自控和计算机应用来设计的，比较适用于部分化工企业中。该系统的核心部分由微机、数字多用表、低电势自动扫描开关、高精度温控器、热电偶检定炉等组成。

近年来，国家对节能减排工作非常重视，建筑节能工作也日趋完善，2001年以来，相继颁布了多个节能标准，如JGJ134—2010《夏热冬冷地区居住建筑节能设计标准》GB50189—2015《公共建筑节能设计标准》《采暖居住建筑节能检验标准》、JGJ/T261—2011《外墙内保温工程技术规程》及GB50411—2019《建筑节能工程施工质量验收标准》等。但据统计，全国节能建筑的质量及管理水平仍然参差不齐，建筑用能浪费还相当严重，节能潜力尚未充分发挥。因此，节能工作任重道远。要达到建筑物的节能要求，自然离不开优质的建筑保温材料及其构件。为了确保建筑节能制品保温性能的可靠性，为设计工作者提供确切可靠的建筑材料热物理性能数据，就必须对建筑材料及其制品进行检测。检测方法多样，检测设备也不尽相同。反复使用热流计会导致其变形或翘曲，热流系数会改变，对测量结果的影响非常大。在测量温度时，采用热电偶传感器，其性能稳定，测温准确。

# 第五章　PLC 技术

PLC 的全称为可程逻辑控制器。PLC 技术是指采用一类可程的存储器,用其内部存储程序,执行逻辑运算、顺序控制、定时、计数与算术操作等面向用户的指令,并通过数字或模拟式输入/输出控制各种类型的机械或生产过程。

## 第一节　PLC 技术基础知识

目前在很多产业中,特别是在低端原始设备制造行业中,继电器或单片机的使用范围十分广泛。虽然单片机通常作为工控产业或民用产品大批量应用,但由于它需要从基础硬件部分开始,对于一般使用者而言困难很大且开发周期长,无法在实际应用环境中完善软件,也难以在工业环境中应用,因此在一些移动设备增值服务需求相对较高的地方有大量应用。PLC 与嵌入式数字单片机或自主研制的工业操作系统比较,首先在系统软件上多了一种编程逻辑语句,方便将梯形图转换为控制指令,然后又在硬件上集成了供电回路,从而增加了抗干扰能力,更适应于工业环境应用。

继电器模块虽然具有可靠性高、寿命长等优点,但其存在着不可忽视的缺点:继电器的控制是采用硬件接线实现的,是利用继电器机械触点的串联或并联及延时继电器的滞后动作等组合形成控制逻辑,其连线多且复杂、体积大、功耗大。

### 一、1PLC 技术的发展

PLC 是一种具有微处理器、用于自动化控制的数字运算控制器,可以将控制指令随时载入内存进行储存与执行。PLC由CPU、指令及数据内存、输入/输出接口、电源、数字模拟转换等功能单元组成。

PLC的开发开始于1968年。第一批PLC在1969年应用于工业领域,在20世纪70年代用于发送和接收不同的电压,以允许它们进入模拟世界。通信能力大约在1973年开始出现。20世纪70年代末,日本、欧洲开始制造PLC,经过多年的发展,PLC技术日臻成熟,目前世界上有数百家工厂生产PLC,型号达数百种,应用相当广泛。早期的PLC只有逻辑控制的功能,所以被命名为逻辑控制器,后来随着发展,这些当初功能简单的计算机模块已经有了包括逻辑控制、时序控制、模拟控制、多机通信等各类功能,名称也改为可程控制器,但是由于它的简写与个人计算机的简写相冲突,加上习惯的原因,人们还是经常使用可程逻辑控制器这一名称,并仍使用PLC这一缩写。

## 二、PLC技术的应用

由于PLC采用软件来改变控制过程,并具有体积小、组装灵活、编程简单、抗干扰能力强及可靠性高等特点,已被广泛应用于机械制造、电力、造纸、化工、冶金、矿业、轻工等各个领域,大大推进了机电一体化进程,被人们称为现代工业控制三大支柱之一。就功能方面而言,它已经完全超越了最初的逻辑控制、顺序控制的范围,具备模数转换、数模转换、高速计数、速度控制、位置控制、轴定位控制、温度控制、PID控制、远程通信、高级语言程等功能,因而具有广阔的应用前景。

### (一)开关量的逻辑控制

开关量的逻辑控制是PLC最基本、应用最广泛的领域。由于PLC设置了与(AND)或(OR)、非(NOT)等逻辑指令,在很大程度上取代了传统的继电器控制系统,能实现逻辑控制、顺序控制,既可用于单机控制,也可用于多机群控、自动化生产线的控制等。如汽车零部件装配线上的物件输送以及各工序的加工与动作、电动机的控制、高炉上料系统、电梯控制、港口码头货物运输控制等。它在注塑机、烟草机械、印刷机械、组合机床、包装流水线、镀锌流水线等生产和物流控制方面都有广泛的应用。

（二）过程控制

早期的 PLC 只具有简单的逻辑控制功能，现代的 PLC 功能日益强大，大型 PLC 都具有模拟量控制单元和用于过程控制的各种专用模块或子程序（如 PID 控制模块等）。模拟量过程控制均采用由硬件电路构成的 PID 模拟调节器来实现开、闭环控制，而现在则选用模拟量控制模块，使得功能由软件实现，精度由位数确定，因而元件不受影响，可靠性高，它容易实现复杂和先进的控制。如，1771－CEM 可组态流量计模块，可用于电力管理、自动化、食品饮料和石油与天然气中各种流量的测试和控制。此外，还有 1771－QH 力矩控制模块、1771－TCM 温度控制模块等。另外，它也可以同时控制多个控制回路和多个控制参数，如：某个公司的 PROLO0P 过程控制器，可执行 PID 控制、比例控制和级联控制，且具有单回路、多回路和自动调试三种方式。

（三）位置控制

目前大都应用拖动步进电机或伺服电机的单轴或多轴控制模块进行位置控制。此模块功能现已广泛应用于各种机械，如：金属切削机床、金属成型机床、装配机械、机器人和电梯等。

（四）机器人控制

随着工厂自动化网络的形成，工业机器人的应用领域越来越广，机器人的控制同样可以通过 PLC 来实现。如某个公司自动生产焊接线上，使用了 29 个机器人。

（五）PLC 的网络特性

PLC 网络经过多年的发展，已成为具有 3～4 级子网的多级分布式网络，加上配置强有力的工具软件，成为具有工艺流程显示、动态画面显示、趋势图生成显示、各类报表制作的多功能系统。在制造自动化协议规约的带动下，可以方便地与其他网络互连。所有这一切使 PLC 网络成为计算机集成制造系统非常重要的组成部分之一。

随着电子商务的发展,人们的消费习惯有了巨大的改变,推动着物流自动化水平的不断提高,各种自动分拣机对提高物流自动化水平、物流流通效率起到了重要作用。例如图书分配部门的图书自动分拣系统,物流配送系统的输送线,分拣中心的机械化系统流水线,大量包裹通过输送机在运送过程中通过分拣传感器实现自动分拣,大型枢纽机场行李处理系统,对客户行李进行自动分拣处理,这些应用大大降低了劳动力成本,提高了分拣的准确性和效率。PLC 优良的控制性能使其在自动分拣系统中得到广泛应用。

## 第二节 PLC 的结构及原理

### 一、PLC 的分类

PLC 一般可从其 I/O 点数、功能和结构形式三个方面进行分类。

(一)根据 PLC 的 I/O 点数分

①小型 PLC:I/O 点数为 256 点以下,I/O 点数<64 点的为超小型。

②中型 PLC:I/O 点数为 256~2048 点。

③大型 PLC:I/O 点数为 2048 点以上的,I/O 点数超过 8192 点的为超大型 PLC。

注:这个分类界限不是固定不变的,它随 PLC 的发展而变化。

(二)按功能分

①低档 PLC:具有逻辑运算、定时、计数、移位等基本功能,主要用于逻辑控制、顺序控制或少量模拟量控制的单机系统。

②中档 PLC:除低档 PLC 功能外,还具有较强的模拟量输入/输出、算术运算、通信联网等功能。有些还增设中断、PID 控制等功能。

③高档 PLC:除中档 PLC 功能外,增加了矩阵运算、平方根运算及其他特殊功能函数运算等。高档 PLC 具有更强的通信联网功能。

(三)按结构形式分

①整体式PLC。

电源、CPU、I/O接口等部件都集中装在一个机箱内,具有结构紧凑、体积小、价格低的特点。基本单元和扩展单元之间一般用扁平电缆连接。小型PLC一般采用这种整体式结构,如S7—200等。

②模块式PLC。

各部分用搭积木的方式组成系统,由框架(Frame)和模块(Module)组成,模块装在框架上。大、中型PLC一般采用模块式结构,如S7—300,S7—400等。

③叠装式PLC。

还有一些PLC将整体式和模块式的特点结合起来。CPU、电源、I/O接口等是各自独立的模块,但它们之间用扁平电缆连接。

## 二、PLC的硬件结构与作用

PLC的组成与微机类似,是一种以微处理器为核心的、用于控制的特殊计算机。PLC主要由中央处理器(CPU)、存储器(Storage)、输入接口、输出接口、通信接口、电源等组成。

(一)CPU模块

CPU模块主要由CPU与存储器组成,CPU有:

①通用微处理器(如8086、80286等)。

②单片微处理器(如8031、8096等)。

③位片式微处理器(如AMD29W等)。

CPU的功能主要有收集、存储用户程序或资料;检测、确认客户程序,如处理程序中的语言问题;接受、储存从输入/输出端口获得的现场输入及输出信息;在运行用户程序时,把运行结果送到输入/输出端口,并驱动负载;故障诊断;等等。

存储器的作用:主要用于存放系统程序、用户程序、数据。存储器分为系统程序存储器、用户程序存储器。

存储器的类型：可读/写操作的随机存储器 RAM；只读存储器 ROM、PROM、EPROM 和 EEPROM。

系统程序：相当于 PC 机的操作系统，由厂家设计并已固化在 ROM 中，用户不能更改，包括系统监控程序、解释程序、程序模块等。

用户程序：用户根据控制对象生产工艺及控制要求而制的应用程序。

(二)输入/输出模块

输入(Input)/输出(Output)模块，简称 I/O 模块，是 CPU 与工业现场之间连接的通道，是系统的眼、耳、手、脚，是 CPU 与外部联系的桥梁。输入模块用来接收和采集输入信号，输出模块用来输出信号。

1. 开关量输入信号

开关量输入信号有按钮、选择开关、行程开关、接近开关、光电开关、主令元件、检测元件等。

2. 模拟量输入信号

模拟量输入信号有电位器(Potentiometer)、热电偶、测速发电机等输入模块。外部控制对象包括驱动执行元件、接触器、电磁阀、调节阀等执行元件，以及指示灯、数码显示器、报警装置。输入/输出模块的外部接线方式为汇点式所有 I/O 点共用一个电源，一个公共点。分组式——分成若干组，每组有独立的电源及公共点。分隔式——每个 I/O 点使用单独的电源。(a)汇点式(b)分组式(c)分隔式 S 合上，光电耦合器亮，输入 PLC 为“1”；S 断开，光电耦合器灭，输入 PLC 为“0”；$R_1$ 为限流电阻，C，$R_2$ 为滤波电路，LED 为状态发光管，电源极性可改变。交流输入模块的接线。

3. 输出模块的接线

(1)继电器输出型(R)

响应速度慢，动作频率低，可驱动交流或直流负载。

(2)晶体管输出型(T)

响应速度快，动作频率高，只能用于驱动直流负载。

(3)晶闸管输出型(S)

响应速度快,动作频率高,只能用于驱动交流负载。

输出电流 0.5～2A,负载电源由外部提供。继电器起隔离、放大作用。

外部可用直流电桥电源是有触点输出,阻容耦合 RC 压敏电阻用来消除触点动作电弧。

## 三、PLC 的工作原理

PLC 这种特殊形态的计算机控制器,是运用电子计算机对原有的硬件逻辑控制系统“继电器监控”实行“硬件软化”的成果。而在实际操作方法上,PLC 的软件逻辑却和常规继电器开关监控的硬件逻辑有着本质的差异。继电器系统的硬件逻辑门采取的是并行工作的方法,即一旦某个继电器输出开关的输入线圈开通或是释放,该继电器输出开关的每个节点(不论是常开或常闭,也不管其处在继电器线路的什么部位)均会马上同步运行:而 PLC 的软件逻辑门是采用 CPU 逐行扫描或是完成用户程来工作的,一旦某个逻辑输入线圈被开通或是断开,该输入线圈的每个节点并不能马上运动,需要等扫描检查到该节点时才会运动。

为减少二者之间因为操作方法差异而产生的差别,PLC 在程序运行方法、进出口控制、特定模块等方面都做了特别的考虑。

### (一)PLC 的 3 个工作阶段

PLC 系统投入实际管理工作之后,其过程通常分为输入采样、用户程序执行和输出刷新 3 个重要阶段。每达到以上 3 个重要阶段,即成为一个扫描循环。在全部工作阶段,PLC 的 CPU 以特定的扫描检查速度反复经历以上 3 个阶段。

#### 1. 输入采样阶段

PLC 在输入采样阶段,要通过各种输入端子并将输入/输出端子状态信息存入对应的输入/输出元件映像寄存器。此时,元件映像寄存器被刷新,然后进入客户程序执行阶段。在整个客户程序执行阶段或输入/输出阶段,由于状态信息进入元件映像寄存器后完全与外界隔绝,所以不管输入端子信息怎么改变,进入元件映像寄存器的信息内容都始终保持恒定,直至下一次扫描周期进入采样阶段,才能把输入端子的最新信息内容再次注入。

2. 用户程序执行阶段

依据 PLC 梯形图显示的要求,PLC 按先左后右、先上后下的步序逐段扫描显示。当指令中存在输入、输出指令时,PLC 从输入映像寄存器中“读入”上一阶段的状态,从输出映像寄存器“读入”对应输出映像寄存器的当前位置。接着,完成一定的运算,运算结果再存入软件映像寄存器中。就软件映像寄存器而言,任何一种器件(输出软继电器)的位置,都随着软件的运行进程而改变。

3. 输出刷新阶段

在所有指令执行完毕后,输出映像寄存器中所有输出继电器的状态(通/断)在输出刷新阶段转存到输出锁存器中,通过一定方式输出驱动外部负载。对于小型 PLC,I/O 点数较少,用户程序较短,用集中采样、集中输出的工作方式,虽然在一定程度上降低了系统的响应速度,但从根本上提高了系统的抗干扰能力,增强了系统的可靠性。对于大、中型 PLC,因 I/O 点数较多,控制功能强,用户程序长,为提高响应速度,可以采用定周期输入采样,输出刷新;也可以采用直接输入采样,直接输出刷新,中断输入/输出和智能化输入/输出接口等方式。

(二)PLC 对输入/输出的处理规则

根据上述工作特点,归纳出 PLC 对输入/输出的处理原则如下:

①输入映像寄存器的数据取决于输入端子板上各输入点在上一个刷新期间的通/断状态。

②程序如何执行取决于用户程序和输入/输出映像寄存器的内容及各元件映像寄存器的内容。

③输出映像寄存器的数据，取决于输出指令的执行结果。

④输出锁存器中的数据，由上一次输出刷新期间输出映像寄存器中的数据决定。

⑤输出端子的通/断状态，由输出锁存器决定。

## 第三节　PLC 的性能及特性

PLC 问世之前，农机、机床、电力、化工、交通运输等行业中，继电器控制系统占主导地位。继电器控制系统以其结构简单、价格低廉、易于操作等优点得到了广泛的应用，对于一些控制复杂的机械设备，采用继电器控制系统时，就会显现出一些不足，如控制装置的体积庞大，接线复杂，可靠性、灵活性较差，出现故障的可能性较高，工作模式固定等。

PLC 控制器用标准接口代替了传统硬件安装接线，用大规模集成电路设计和可靠元器件的结合代替了线圈和活动部件的搭配。它通过计算机控制方式，不仅大大简化了整个控制器，同时也使控制器的性能更加平稳，功能更加强劲，在可扩展性和抗干扰能力等方面也有了较大改善。

### 一、PLC 系统的性能

#### （一）工作速度

工作速度是指 PLC 的 CPU 执行指令的速度以及对急需处理的输入信号的响应速度。工作速度是 PLC 工作的基础。速度快了，才可能通过运行程序实现控制，不断扩大控制规模，发挥 PLC 多种多样的作用。

不同品牌的 PLC，指令的条数也不同。少的几十条，多的几百条。指令不同，执行的时间也不同。但各种 PLC 总有一些基本指令，而且各种 PLC 都有这些基本指令，因此常以执行一条基本指令的时间来衡量这个速度。这个时间当然越短越好，已从微秒级缩短到零点微秒级。随着微处理器技术的进步，这个时间还在缩短。执行时间短可加快 PLC 对一般输入信号的响应速度。从讨论 PLC 的工作原理可知，从对 PLC 加入输入信号，到 PLC 产生输出，最理想的情况也要延迟一个 PLC 运行程序的周期。因为 PLC 监测到输入信号，经运行程序后产生输出，才是对输入信号的响应。不理想时，还要多延长一个周期。当输入信号送入 PLC 时，PLC 的输入刷新正好结束，就是这种情况。这时，要多等待一个周期，PLC 的输入映射区才能接收到这个新的输入信号。对一般的输入信号，这个延迟虽然可以接受，但对急需响应的输入信号，就不能接受了。对急需处理的输入信号延迟多长时间 PLC 能予以响应，要另作要求。为了处理急需响应的输入信号，PLC 有多种措施。不同的 PLC 措施也不完全相同，提高响应速度的效果也不同。一般的做法是采用输入中断，然后再输出即时刷新，即中断程序运行后，有关的输出点立即刷新，而不等到整个程序运行结束后再刷新。

这个效果可从两个方面来衡量：一是能否对几个输入信号做快速响应；二是快速响应的速度有多快。多数 PLC 都可对一个或多个输入点做出快速响应，快速响应时间仅几毫秒。性能高的、大型的 PLC 响应点数更多。

工作速度关系到 PLC 对输入信号的响应速度，是 PLC 对系统控制能否及时的前提。控制不及时，就不可能准确与可靠，特别是对一些需做快速响应的系统。这就是把工作速度作为 PLC 第一指标的原因。

（二）控制规模

控制规模代表 PLC 控制能力，看其能对多少输入、输出点以及多少路模拟进行控制。

控制规模与速度有关。规模越大，用户程序越长，若执行指令的速度不快，势必延长 PLC 循环（Circulation）的时间，也必然会延长 PLC 对输入信号的响应。为了避免这种情况，PLC 的工作速度就要快。所以，大型 PLC 的工作速度总比小型 PLC 的要快。

控制规模还与内存区的大小有关。规模大，用户程序长，要求有更大的用户存储区。同时点数多，系统的存储器输入、输出的信号区［输入/输出继电器区或称输入、输出映射区］也大。这个区大，相应地内部器件就要增多,要求有更大的系统存储区。

控制规模还与输入、输出电路数有关。如控制规模为 1024 点,那就得有 1024 条 I/O 电路。这些电路集成于 I/O 模块中,而每个模块有多少路的 I/O 点总是有数的。所以,规模大,所使用的模块也多。控制规模还与 PLC 指令系统有关。规模大的 PLC 指令条数多,指令的功能也强,才能对点数多的系统进行控制。

(三)组成模块

PLC 的结构虽有箱体及模块式之分,但从本质上看,箱体也是模块,只是它集成了更多的功能。在此,不妨把 PLC 的模块组成当成所有 PLC 的结构性能。这个性能含义是指某型号 PLC 具有多少种模块,各种模块都有什么规格,并各具什么特点。一般来讲,规模大的 PLC,档次高的 PLC 模块的种类和规格也多,反映它的特点的性能指标也高。但模块的功能单一些。相反,小型 PLC、档次低的 PLC 模块种类少,规格也少,指标也低,但功能更多样,以至于集成箱体。组成 PLC 的模块是 PLC 的硬件基础,只有弄清所选用的 PLC 都具有哪些模块及其特点,才能正确选用模块,去组成一台完整的 PLC,以满足控制系统对 PLC 的要求。

(四)内存容量

PLC 内存有用户及系统两大部分。用户内存主要用以存储用户程序,个别的还将其中的一部分划为系统所用。系统内存是与 CPU 配置在一起的。CPU 既要具备访问这些内存的能力,还应提供相应的存储介质。用户内存大小与可存储的用户程序量有关。内存大,可存储的程序量大,也就可进行更为复杂的控制。从发展趋势看,内存容量总是在不断增大的。系统内存对于用户,主要体现在 PLC 能提供多少内部器件。不同的内部器件占据系统内存的不同区域。物理上并无这些器件,仅仅为 RAM。但通过运行程序使用时,给使用者提供内存的却是这些器件。

内存器件种类越多,数量越多,越便于 PLC 进行种种逻辑量及模拟控制。它也是代表 PLC 性能的重要指标。

（五）指令系统

指令系统指 PLC 中有哪些命令，各条命令又有哪些功用。这是人们认识和应用 PLC 操作系统的主要方面。PLC 的指令繁多，但主要有以下几种类型：

①基本逻辑指令：用于处理逻辑关系，以实现逻辑控制。这类指令，不管什么样的 PLC 都有。

②数据处理指令：用于处理数据，如译码、码、传送、移位等。

③数据计算指令：用进数的方式计数，如＋、一、* 等，也可采用沙坪数算法，有的还可用浮点数算法，能够完成逻辑量统计。

④流程控制指令：用于监控程序运行过程。PLC 的用户程序通常从零地址的指令开始进行，然后按次序前进。但遇到过程控制指令，也可做相应修改。实时过程控制指令数量较多，如果使用得好，能使编程更简单，且易于调试和阅读。

⑤状态监视指令：主要用于观察和记录 PLC 及控制器的运行状况，对进一步提高 PLC 控制器的运行稳定性大有帮助。并不是所有的 PLC 中都有上述这类命令，也并非所有的 PLC 系统都有以上几种命令，上面只指出了一些实例，并说明要从哪几个方面认识 PLC 命令，由此能大体知道命令的多少以及各种功能将如何直接影响 PLC 的特性。为实现通信，PLC 有一定的协议和通信指示或命令，也体现了 PLC 的特性。

（六）支持软件

为了便于制 PLC 程序，多数 PLC 厂家都开发有关计算机支持软件。从本质上讲，PLC 所能识别的只是机器语言。它之所以能使用一些助记符语言、梯形图语言、流程图语言，以至高级语言，全靠为使用这些语言而开发的软件。

①助记符语言是最基本也是最简单的 PLC 语言。它类似计算机的汇语言，PLC 的指令系统就是用这种语言表达的。这种语言仅使用文字符号，所使用的程工具简单，用简易程器即可。所以，多数 PLC 都配备这种语言。

②梯形图语言是图形语言，它用类似于继电器电路图的符号表达 PLC 实现控制的逻辑关系。这种语言与符号语言有对应关系，很容易互相转换，并便于电气工程师了解与熟悉，因此用得很普遍，几乎所有的 PLC 都开发了这种语言。由于它是用图形表达，小的程器不适用，得用较大的液晶画面的程器。多数是在计算机对 PLC 程时，才使用这种语言。

③流程图语言，虽然它也是图形编程语言，但是使用的字符并不与电气元件字符相同，而是与一般计算机用的流程图字符相同，更易于一般的计算机工作者掌握和熟悉。流程图语言和符号语言之间也有一一对应关系，只不过对应的符号语言和梯形图语言并不相同。掌握计算机技术，但又未曾参加过普通电气设备管理工作的技术人员，更乐于运用这种程语言对 PLC 程序设计。

梯形图和流程图混合语言：梯形图和流程图二者并用，使得整个 PLC 的编程结构化。它利用工作流程图将整个 PLC 程过程分割为几个结构块，从而规范块之间的逻辑联络。用梯形图再定义块中各类数之间的逻辑关联。这个混合程语言有很多种不同的实现方式，且多适用于大规模的程序设计。

④高级语言，PLC 程也可以使用高级语言，如 BASIC、C 语言等。可以在 DOS，也可在 Windows 平台上运行。关键在于要把用高级语言写的程序(Procedure)转换成助记符语言，或直接转换成 PLC 所能识别的机器语言。从根本上讲，只要能实现这个转换，什么高级语言都可以。而写这个转换的软件工作量很大，应由有关厂家开发与提供，当前不少 PLC 厂家已有提供。

支持软件不仅制 PLC 程序需要，监控 PLC 运行，特别是监视 PLC 所控制的系统的工作状况也需要。所以，多数支持编程的软件，也具有监视 PLC 工作的功能。

此外，也有专用于监控 PLC 工作的软件，它多与 PLC 的监视终端连用。有的 PLC 厂家或第三方厂家还开发了使用 PLC 的组态软件，用以实现计算机对 PLC 控制系统监控，以及与 PLC 交换数据。

PLC 的用户也可基于 DOS 或 Windows 平台开发用于 PLC 控制系统的应用软件，以提高 PLC 系统自动化及智能化水平。这方面的软件已日益受到重视。

总之，为了用好 PLC，它的支持软件越来越丰富，性能越来越好，界面也越来越友好，因此，它的使用情况如何，已成为评判 PLC 性能的指标之一。

（七）可靠控制

为使 PLC 能可靠工作，在硬件与软件两个方面，PLC 厂家都采取了很多措施，对一些有特殊可靠性要求的 PLC，还有相应的特殊措施，如热备、冗余等。这在介绍 PLC 的特点时已做了叙述。可靠措施的目的是增加 PLC 平均故障间隔时间、平均无故障工作时间并减少 PLC 的平均修复时间，以提高 PLC 的效率 A。

鉴于可靠工作是 PLC 的重要特点，故有关提高 MTBF 及降低 MTTR 的措施，以及 PLC 的 MTBF 与 MTTR 的值都成为 PLC 性能的重要指标。

（八）经济指标

上述都是 PLC 的技术性能。其实，使用 PLC，还要考虑经济指标。经济是基础，经济上不合算，不能带来经济效益，使用 PLC 也就没有基础。所以，这个指标也是重要的。经济指标最简单的就是看价格。一般讲，同样技术性能的 PLC，价格低的经济指标就好。

## 二、PLC 系统的特性

（一）使用灵活、通用性强

PLC 的硬件结构和软件功能都是系列化的，控制功能模块设计种类多，因此能够灵活构成多个规格和特性不同的控制器。由 PLC 构成的控制器只需在 PLC 的端口上接入输入/输出信号线。当要求更改控制器的特性时,可以使用程机实时或离线修改控制程序,同一个 PLC 装置,可以适用于不同类型的控制目标,只是存在输入/输出模块与应用软件的大小差异。

（二）可靠性高、抗干扰能力强

微机功能强大但抗干扰能力差,工业现场的电磁干扰、主电源波动、机械振动、温度和湿度的变化,都可能导致一般通用微机不能正常工作。PLC 采用微电子技术,大量的开关动作由无触点的电子存储器件完成,大部分继电器和繁杂连线被软件程序所取代,故寿命长,可靠性大大提高,从实际使用情况来看,PLC 控制系统的平均无故障时间一般可达 4 万～5 万小时。PLC 采取了一系列硬件和软件抗干扰措施,能适应各种有强烈干扰的工业现场,并具有故障自诊断能力。如一般 PLC 能抗 1000V、1ms 脉冲的干扰,其工作环境温度为 0～60℃,无须强迫风冷。

（三）接口简单、维护方便

PLC 的端口按工业生产控制系统的特点进行设计,并具有很大的带负荷能力(入口、出口可与交流 220V、直流 24V 等电压连接),接口电路通常为模块型,易于维护更新。有的 PLC 干脆还可带电插拔输入/输出模块,不脱机断电就可替换故障模组,极大地压缩了故障恢复时间。

（四）体积小、功耗小、性价比高

以小型 PLC(TSX21)为例,它具有 128 个 I/O 接口,可相当于 400～800 个继电器组成的系统的控制功能,尺寸仅为 $216\times127\times110mm^3$,重 2.3kg,不带接口的空载功耗为 1.2W,其成本仅相当于同功能继电器系统的 10%～20%。PLC 的输入/输出系统能够直观地反映现场信号的变化状态,还能通过各种方式直观地反映控制系统的运行状态,如内部工作状态、通信状态、I/O 点状态、异常状态和电源状态等,对此均有醒目的指示,非常有利于运行和维护人员对系统进行监视。

（五）编程简单、容易掌握

PLC 是面向用户的设备,PLC 的设计者充分考虑了现场工程技术人员的技能和习惯。大多数 PLC 的程均提供了常用的梯形图方式和面向工业控制的简单指令方式。程语言形象直观，指令少，语法简便，不需要专门的计算机知识和语言，具有一定电工和工艺知识的人员都可在短时间内掌握。利用专用的程序，可方便查看、编辑、修改用户程序。

(六)设计、施工、调试周期短

用继电器开关－接触器控制系统完成一个控制工程，通常需要事先按工艺规定画出电器基本原理图，接着画出继电器屏(柜)的布局和接地图等，随后开始装配调试过程，后期改造比较麻烦。而 PLC 靠软件系统完成监控，软硬件功能线路极为简单，且为模块化积木式架构，并已产品化，故仅需按特性、存储器容量(输入/输出个数、内存大小)等选择组装方式即可，大部分具体的程序制管理工作可在 PLC 到货之前完成，从而大大减少了工程设计阶段，使产品的设计与施工可同步完成。同时由于 PLC 用编程方式代替了硬件连线设计来实现控制系统各种功用，从而大大减少了烦琐的装配连线产品设计管理工作和工程建设运行周期。

因为 PLC 利用程序设计语言来完成自动化控制，使用了便于应用的工业程序设计语句，且一般都带有强迫和模拟的管理功能，所以 PLC 程控制的产品设计、更改和调试过程都非常简单，这样就大幅缩短了产品设计时限和投运期。

# 第四节　PLC 编程原理与方法

## 一、PLC 编程原理

(一)可编程逻辑控制器输入采样

在输入采样阶段，可编程逻辑控制器以扫描方式依次读入所有输入状态和数据，并存储在 I/O 映像区的相应单元中后，转入用户程序执行和输出刷新阶段。在这两个阶段，即使输入状态和数据发生变化，I/O 映像区中相应单元的状态和数据也不会改变。因此，如果输入的是脉冲信号,则该脉冲信号的宽度必须大于一个扫描周期,才能保证在任何情况下该输入均能被读取。

(二)可程逻辑控制器用户程序执行

在客户程序执行阶段,可程逻辑控件始终按照从上至下的顺序,随机地扫描客户程序(梯形图)。数字化扫描每一个阶梯图形时,它总是首先数字化扫描阶梯图形左边由各个触点构成的监控电路,并依照前左后右、前上后下的次序,对各触点构成的监控电路完成逻辑运算;接着依据逻辑运算的结论,刷新该逻辑线圈在系统 RAM 存储区中相应位置的状况,或是刷新该输入/输出导线在 I/O 映像区中相应位置的状况,甚至决定是不是要运行该阶梯图所要求的特别功能命令,即在用户程序执行过程中,只要输入点被执行,与这些输入点相关的梯形图都会起作用;反之,未被执行的输入点,只能在下一次扫描时被执行。

在程序执行的过程中,如果使用立即执行 I/O 指令(I/Odirective)则可以直接存取 I/O 点,即使用 I/O 指令,输入过程映像寄存器的值不会被更新,程序直接从 I/O 模块(I/Omodule)取值,输出过程映像寄存器会被立即更新,这跟立即输入有些区别。

(三)可程逻辑控制器输出刷新

当扫描用户程序结束后,可程逻辑控制器就进入输出刷新阶段。在此期间,CPU 按照 I/O 映像区内对应的状态和数据刷新所有的输出锁存电路,再经输出电路驱动相应的外设。这时才是可程逻辑控制器的真正输出。

(四)可程逻辑控制器小结

根据上述过程的描述,可以对 PLC 工作过程的特点总结如下。

(1)PLC 采用集中采样、集中输出的工作方式,这种方式减少了外界干扰的影响。

(2)PLC 的工作过程是循环扫描的过程,循环扫描时间的长短取决于指令执行速度、用户程序的长度等因素。

(3)输出对输入的影响有滞后现象。PLC 采用集中采样、集中输出的工作方式,当采样阶段结束后,输入状态的变化要等到下一个采样周期才能被接收,这个滞后时间的长短主要取决于循环周期的长短。此外,影响滞后时间的因素还有输入滤波时间、输出电路的滞后时间等。

(4)输出映像寄存器的内容取决于用户程序扫描执行的结果。

(5)输出锁存器的内容由上一次输出刷新期间输出映像寄存器中的数据决定。

(6)PLC 当前实际的输出状态由输出锁存器的内容决定。

## 二、PLC 程方法

### (一)继电器梯形图

PLC 的规划初衷是可以为工厂车间电气技术人员所运用,为了契合继电器操控电路的思维习惯,作为首要在 PLC 中运用的编程语言,梯形图保留了继电器电路图的风格和特性,成为广大电气技术人员最容易接受和运用的语言。

继电器梯形图语言是 PLC 首要选用的程语言,也是 PLC 最普遍选用的程语言。梯形图编程语言是从继电器操控体系原理图的基础上演变而来的,与继电器操控体系梯形图的根本思想是相同的,只是在运用符号和表达方式上有一定差异。

#### 1. 软继电器

PLC 梯形图中的某些编程元件沿用了继电器这一称呼,如输入继电器、输出继电器、内部辅助继电器等,可是它们不是实在的物理继电器,而是一些存储单元(软继电器),每一个软继电器与 PLC 存储器中映像寄存器的一个存储单元相对应。该存储单元假如为"1"状况,则表明梯形图中对应软继电器的线圈"通电",其常开触点接通,常闭触点断开,称这种状况是该软继电器的"1"或"ON"状况。假如该存储单元为"0"状况,对应软继电器的线圈和触点的状况与上述相反,称该软继电器为"O"或"OFF"

状况。运用中也常将这些“软继电器”称为程元件。

2. 能流

有一个设想的“概念电流”或“能流”从左向右活动,这一方向与履行用户程序时逻辑运算的次序是相同的。能流只能从左向右活动,运用能流这一概念,能够协助人们更好地了解和剖析梯形图。

3. 母线

梯形图两边的笔直公共线称为母线。在剖析梯形图的逻辑联系时,为了借用继电器电路图的剖析办法,可以幻想左右两边母线(左母线和右母线)之间有一个左正右负的直流电源电压,母线之间有“能流”从左向右活动。右母线可以不画出。

4. 梯形图的逻辑解算

依据梯形图中各触点的状况和逻辑联系,求出与图中各线圈对应的编程元件的状况,称为梯形图的逻辑解算。梯形图中逻辑解算是按从左到右、从上到下的次序进行的。解算的结果立刻能够被后边的逻辑解算所运用。逻辑解算是依据输入映像寄存器中的值,而不是依据解算瞬时外部输入触点的状况来进行的。

(二)功能块图

功能块图选用相似于数字逻辑门电路的图形符号,逻辑直观,运用方便,它有梯形图程中的触点和线圈等价的功能,能够处理规模广泛的逻辑问题。

①以功能模块为单位,从控制功能入手,使控制方案的分析和理解变得容易。

②功能模块是用图形化的办法描绘功能,它的直观性大大方便了规划人员的编程和组态,有较好的易操作性。③在控制规模较大、控制关系较复杂的系统中,编程和组态时间可以缩短,调试时间也能减少。

(三)顺序功能图

顺序功能图亦称流程图或状态转移图，是一种图形化的功能性说明语言，专用于描述工业顺序控制程序。使用它可以对具有并发、选择等复杂结构的系统进行编程。

①以功能为主线，条理清楚，便于对程序操作的理解和沟通。

②对于大型的程序，可分工设计，采用较为灵活的程序结构，可节省程序设计时间和调试时间。

③常用于体系规模较大、程序关系较复杂的场合。

④只需执行活动步的命令和操作，对活动步后的变换进行扫描，因而，整个程序的扫描时间较其他程序制的程序扫描时间要大幅缩短。

(四)指令表

指令表程语言类似于计算机中的助记符汇语言，它是可程操控器最基础的编程语言，所谓指令表程，是用一个或几个容易记忆的字符来代表可程操控器的某种操作功能。

①选用助记符来表示操作功能，具有容易记忆、便于掌握的特点。

②在程器的键盘上选用助记符标示，具有便于操作的特点，可在无计算机的场合进行程设计。

③与梯形图有一一对应关系，其特点与梯形图语言基本相同。

(五)结构化文本

结构化文本是一种高级的文本语言，能够用来描述功能、功能块和程序(Program)的行为，还能够在顺序功能流程图中描绘步、动作和改变的行为。结构化文本语言表面上与PASCAL语言相似，但它是一个专门为工业操控运用开发的编程语言，具有很强的编程性能，能用于变量赋值、回调功能和功能块、创建表达式、写条件句子和迭代程序等。

①采用高级语言进行编程，可以完成较复杂的控制运算。

②需要有一定的计算机高级程序设计语言的知识和编程技巧，对编程人员的技能要求较高，普通电气人员无法完成。

③常被用于功能模块等其他语言较难实现的一些控制功能的实施。

注意:不是所有的 PLC 都支撑一切的程语言(如功能块图、顺序功能图就有许多等级较低,PLC 不支撑),而大型的 PLC 操控体系一般都支撑以上 5 种规范程语言或相似的程语言。

还有一些规范以外的程语言,尽管没有被挑选进规范语言中,但是它们是为了适合某些特别场合的运用而开发的,在某些情况下,它们也许是较好的程语言。

## 第五节　S7－1200PLC 的应用

### 一、S7－1200PLC 的硬件概述

(一)S7－1200PLC 简介

S7－1200PLC 是一套适用于低功率规范的模块化小型控制器,它的功能不仅强大,而且使用灵活,可用于控制不同种类的设备,来满足广大客户的自动化需求。

S7－1200PLC 设计紧凑、组态灵活且具有功能强大的指令集,这些特点组合到一起,能使它完美地解决各种控制方案。为了优化和调整自动化方案,它还配备了全面的模块系列。S7－1200PLC 的控制器由电源、带有集成式输入和输出端的 CPU、数字和模拟信号的附加输入及输出组件组成,针对特殊任务(例如对步进电机的控制),还可能会用到通信处理器和功能模块。它利用 S7 程序监控并控制机器或流程。S7 程序会通过输入端地址来查询并通过输出端地址来响应输入/输出模块。系统可通过基础版或者专业版的博图软件进行程。

(二)S7－1200PLCCPU 简介

1. 基本结构

S7－1200 将集成电源、微处理器、输入和输出电路、高速运动控制

I/O、板载模拟量输入以及内置 PROFINET 组合到一个设计紧凑的外壳中,变成一个功能强大的控制器。在用户下载程序后,CPU 不仅包含监控应用中的设备所需的逻辑,还根据用户程序逻辑监视输入并更改输出的状态。其中,用户程序可以包含布尔逻辑、计数、定时、复杂数学运算以及与其他智能设备的通信。

S7－1200PLC 的 CPU 提供的 PROFINET 端口,用于通过 PROFINET 网络通信。另外,还可使用附加模块通过 GPRS、PROFIBUS、RS232 或 RS485 网络进行通信。

为了保护 CPU 和控制程序的访问,S7－1200PLC 还提供了多种安全功能:

①每个 CPU 都提供“密码保护”功能,用户可以通过该功能组态对 CPU 功能的访问设置权限。

②可以使用“专有技术保护”功能隐藏特定块中的代码。

③可以使用“复制保护”功能将程序绑定到特定存储卡或 CPU 中。

对 S7－1200 提供了多种类型的 CPU,以适应各种应用的要求。不同类型的 CPU 具有不同的参数规格。

对于具有继电器输出的 CPU 型号,必须安装数字量信号板(SB)才能使用脉冲输出。

①CPU1211CDC/DC/DC 说明 CPU 直流供电,直流数字量输入,数字量输出点是晶闸管直流电路的类型。

②CPU1211CAC/AC/RLY 说明 CPU 交流供电,交流数字量输入,数字量输出点是继电器触点的类型。

2. 扩展功能

不同的 CPU 型号还提供了各种各样的特征和功能,这些特征和功能可帮助用户针对不同的应用创建有效的解决方案。

子 S7－1200PLC 提供了各种信号模块和插入式板,用于通过附加 I/O 或其他通信协议来扩展 CPU 的功能。

(1)数字量信号模块和信号板

(2)模拟量信号模块和信号板

(3)通信接口

Tele Service适配器允许用户将各种通信接口连接到CPU的ROFI-NET端口。将Tele Service适配器安装在CPU的左侧,适配器模块(最多3个)接入Tele Service适配器。

(4)其他板

3. CPU的工作模式

CPU有三种工作模式,分别为RUN模式、STOP模式和STARTUP模式。CPU面板上的状态LED灯会指示出当前工作的模式。

①RUN模式下,CPU重复执行扫描周期,在程序循环阶段的任何时刻都可能发生和处理中断事件,并且在这种模式下,用户不能下载任何项目。只有在CPU处于STOP模式时,才能下载项目。

②STOP模式下,CPU不执行任何程序,但是用户可以下载项目。

③STARTUP模式下,CPU会执行任何启动逻辑(如果存在),但不会处理任何中断事件。

(三)S7—1200PLC其他模块系列简介

S7—1200是一套模块化的自动化系统,可提供以下几个模块系列。

(1)带输入端(120/230VAC,50Hz/60Hz,1.2A/0.7A)及输出端(24VDC/2.5A)的电源模块PM。

(2)可添加模拟或数字输入/输出端的信号板SB(添加后CPU框架尺寸维持不变),信号板适用于型号为1211C/1212C和1214C的CPU。

(3)适用于数字和模拟输入/输出端的信号模块SM(1212C型CPU最多2个SM,1214C型CPU最多8个SM)。

(4)适用于串行通信RS232/RS485的通信模块CM(1211C/1212C和1214C型号的CPU最多可使用3个通信模块)。

(5)带有4个10/100MBit/sRJ45插孔的紧凑型开关模块CSM。

(6)2～32MBSIMATIC 存储卡，用于存储程序、数据、系统数据、文件和项目。

它的作用：一个程序可在多个 CPU 之间传输；CPU、信号模块 SM 和通信模块 CM 的固件更新；便于更换 CPU。

## 二、S7－1200PLC 的软件概述

### (一)安装要求

S7－1200PLC 系统的编程软件是 TIA 博图软件。

### (二)安装 TIA 博图软件

打开安装文件包，双击“Start”图标 AStart，在弹出的对话框中，选择安装程序的界面语言，默认使用中文，单击“下一步”。继续选择安装软件的用户界面语言，默认为英文和中文，单击“下一步”。在选择安装路径对话框中，设置安装路径，单击“下一步”。在安装概览和授权协议对话框中，勾选“我接受全部所列的授权协议”，点击安装。安装完成后，点击“关闭”，完成软件的安装。

### (三)设置中文界面

双击桌面上的“图”图标，在弹出来的界面上，单击左下角的“Project-view”，切换到项目视图。单击菜单栏中的“Options”，选择“Settings”命令，在工作区中选择“General”选项，在“User Interface Language”选项中，选择“Chinese”，编程界面设置中文结束。

### (四)TIA 软件新建工程

第 1 步，打开编程软件。双击桌面上的“图”图标。

第 2 步，新建项目。打开 TIA 软件后，弹出对话框。在对话框中单击“创建新项目”，然后在“创建新项目”界面中，根据用户的需求修改项目的名称，还可以通过“路径”选项，修改程序在计算机硬盘中的存储位置，并记录作者、注释等信息。

第 3 步，项目名称、作者、注释等信息编写完成以后，单击“创建”按

钮,创建项目。

第4步,组态硬件设备。组态的顺序一般是先组态硬件设备,然后再创建程序。在“新手上路”界面,单击“组态设备”按钮,进入“设备与网络”界面,进行设备组态。

第5步,在“设备与网络”界面中单击“添加新设备”按钮,选择“控制器”图标,按照实物PLC的外部硬件和订货号选择相应的CPU型号,这里以主机CPU1214CDC/DC/DC、订货号6ES7214－1AG40－0XBO为例。选择相应订货号后,选择右侧对应的版本号V4.0,然后单击右下方“添加”按钮或双击订货号完成硬件组态。

第6步:添加PLC的I/O扩展块。添加新设备后,进入项目视图界面。在项目视图界面中找到“硬件目录”窗口,根据扩展模块类型及订货号,添加扩展模块。本项目中添加的扩展模块名称为SM1223DI8x24VDC/DQ8xRelay,订货号为6ES7223－1PH32－0XBO。在“硬件目录”中找到该订货号的设备,然后左键单击拖拽设备图标“6ES7223－1PH32－0XBO”到PLC设备视图2号槽位置。

第7步:打开主程序块。在“项目树”中找到“程序块”下的“Main(OB1)”,双击“Main(OB1)”图标。进入程序块OB1的程序编写界面,默认的编程模式是梯形图。

第8步:编写PLC程序。在编辑阶段只是完成了基本编辑语法的输入验证,如果要完成程序的可行性还必须执行“编译”命令。程序编写完成后进行编译。

第9步:完全编写好程序后,选中“▼ PLC_1ICPU1214CDCDCDC”,点击“在线”,再点击“下载到设备(L)Ctrl＋L”,将硬件组态和程序下载至PLC控制器。由于S7－1200PLC采用常规以太网RJ45接口,因此必须了解并掌握程序下载前需要准备的步骤:第一,需要准备或制作一根网线;第二,需要在计算机和PLC端设置相同频段的IP地址。在IP地址下载到CPU之前,必须先确保计算机的IP地址与PLC的IP地址相匹配。在计算机的本地连接属性窗口中,选择常规选项“Internet协议

(TCP/IP)”,将协议地址从自动获取IP地址改为手动设置IP地址,设为192.168.0.1。

第10步:设备PLC通信接口。PG/PC接口的类型:选择“PN/IE”;PG/PC接口:选择相应的网卡;在选择框中选择“显示所有兼容的设备”勾选。如果“目标子网中的兼容设备”中没有任何显示,可单击“刷新”重新搜索兼容设备。

第11步:选择可访问的设备,点击下载开始程序的下载。下载程序之前,软件自动进行下载之前的编译组态。

第12步:下载检查完成后,点击“下载”,开始下载。

第13步:下载完成后,点击“完成”。

（五）TIA软件项目下载

第1步:在“项目树”中选中需要下载的项目文件夹,然后点击菜单命令“在线”—“下载到设备”或直接点击工具栏上的图标下载到设备。

此外,TIA博图软件还可以下载单独的组件,例如,硬件组态和程序块。在“项目树”中右键点击“▼ TPLC_1[CPU1214CDCDCDC]”,在弹出的菜单中会提供如下命令:

①“下载到设备”—“硬件和软件(仅更改)”,设备组态和改变的程序下载到CPU中。

②“下载到设备”—“硬件配置”,只有硬件组态下载到CPU中。

③“下载到设备”—“软件(仅更改)”,只有改变的程序块下载到CPU中。

④“下载到设备”—“软件(全部下载)”,程序块全部下载到CPU中。

第2步:在弹出的“扩展的下载到设备”对话框中,设置PG/PC接口类型,其“PG/PC接口”下拉选项中选择编程设备的网卡,勾选“显示所有兼容的设备”复选框,点击“开始搜索”。

第3步:搜索到可访问的设备后,选择要下载的PLC。当网络上有多个S7—1200PLC时,可以通过“闪烁LED”来确认下载对象,点击“下载”按钮。

第4步:如果编程设备的IP地址和组态的PLC不在一个网段,需要给编程设备添加一个与PLC同网段的IP。在弹出的对话框中分别点击"是"和"确定"。

第5步:项目数据必须一致。如果用户没有对项目进行编译,下载前则会自动编译。"下载预览"对话框中会显示要执行的下载信息和动作要求。

如果需要重新下载修改过的硬件组态,并且CPU处于RUN模式时,需要把CPU转为停止模式。

第6步:下载后启动CPU。

### (六)TIA软件项目上传

用户使用TIA软件上传项目时,首先要满足两个条件:一是软件版本要求在TIAPortalV14及以上;二是固件要求在V4.0及以上。两者都满足后,就可以使用"将设备作为新站上传(硬件和软件)"功能从在线连接的设备上将硬件配置与软件一起上传,并在项目中使用这些数据创建一个新站。

第1步:在"项目树"中选择项目名称。在"在线"(Online)菜单中,选择"将设备作为新站上传(硬件和软件)"。打开"将设备上传至PG/PC"对话框。

第2步:在"PG/PC接口的类型"下拉列表中,选择装载操作所需的接口类型,从"PG/PC接口"下拉列表中,选择要使用的接口。然后单击"PG/PC接口"下拉列表右侧的"组态接口"按钮,从而修改选定接口的设置。通过选择相应的选项并单击"开始搜索"命令来显示所有兼容的设备。在可访问的设备表中,选择要上传项目数据的设备,单击"从设备上传"按钮。

第3步:上传成功后,就获取了CPU完整的硬件配置和软件。

## 三、S7—1200PLC编程应用

### (一)逻辑指令的应用

#### 1.项目要求

按下按钮SB1,指示灯HL1亮并保持,按下按钮SB2,指示灯HL1灭。

2. 相关知识提示

使用PLC基本逻辑指令前应对指令有所了解，具体可参照S7－1200的使用说明书。

3. 实训步骤

(1)根据控制要求列出I/O分配表。

(2)根据控制要求编写PLC控制程序。首先，根据I/O分配表制作PLC变量表。其次，编写程序。

(3)编译及下载。

(4)设备调试。

在PLC的程序与配置下载成功后，就可以将PLC切换到运行状态。但是，很多时候用户需要了解PLC的实际运行情况，并对程序进行调试，这就要进入“PLC在线与程序调试”阶段。选择“在线”下拉菜单“转到在线”命令，这时项目树就会显示黄色图符。选择程序块的在线仿真，点击图符，即可进入监控阶段，实线表示接通，虚线表示断开。

按下按钮SB1，观察指示灯HL1状态，按下按钮SB2，观察指示灯HL1状态。

## (二)定时指令的应用

1. 项目要求

按下按钮SB1，3秒后，指示灯HL1亮并保持，按下按钮SB2，指示灯HL1灭。

2. 相关知识提示

使用PLC定时指令前应对指令有所了解，具体可参照S7－1200的使用说明书。

3. 实训步骤

(1)根据控制要求列出I/O分配表。

(2)根据控制要求编写PLC控制程序。首先，根据I/O分配表制作PLC变量表。其次，编写程序。

(3)编译及下载程序。

(4)设备调试。按下按钮 SB1,观察指示灯 HL1 的状态。

### (三)计数指令的应用

1. 项目要求

第 3 次按下按钮 SB1,指示灯 HL1 亮并保持,按下按钮 SB2,指示灯 HL1 灭。

2. 相关知识提示

使用 PLC 计数指令前应对指令有所了解,具体可参照 S7－1200 的使用说明书。

3. 实训步骤

(1)根据控制要求列出 I/O 分配表。

(2)根据控制要求编写 PLC 控制程序。首先,根据 I/O 分配表制作 PLC 变量表。其次,编写程序。

(3)编译及下载程序。

(4)设备调试。

按下按钮 SB1,观察指示灯 HL1 的状态,当第 3 次按下按钮 SB1 时,指示灯 HL1 常亮,按下按钮 SB2,观察指示灯 HL1 的状态。

### (四)步进电机的控制应用

1. 项目要求

通过运动控制指令控制“轴”工艺对象。

2. 相关知识提示

(1)S7－1200CPU 通过脉冲输出和方向输出进行组态来控制驱动器。

(2)“轴”工艺对象用于组态机械驱动器的数据、驱动器的接口、动态参数以及其他驱动器属性。

(3)S7－1200 提供四组高速脉冲输出发生器:Q0.0 和 Q0.1、Q0.2

和 Q0.3、Q0.4 和 Q0.5、Q0.6 和 Q0.7，所以一台 S7－1200PLC 最多能控制 4 台伺服电机或步进电机，其中前两组脉冲输出发生器的最大脉冲频率对应 CPU 的数字量输出 100kHz，后两组最大为 30kHz。

(4)程序使用运动控制指令来启用控制轴并启动运行任务。

(5)仅当 CPU 从 STOP 切换为 RUN 模式时，RUN 模式下对运动控制配置和下载的更改才会生效。

3. 实训步骤

(1)对步进电机驱动器的设置：工作电流、步数/转。

(2)组态“轴”工艺对象

①在“项目树”中展开节点“工艺对象”，双击新增对象，选择“运动控制”—“轴”，对象名称改为“步进”，编号“自动”，单击“确定”，新增并打开添加的工艺对象。

②对“轴”工艺对象进行组态。

a.“基本参数”—“常规”组态。

b.“基本参数”—“驱动器”组态。

c.“扩展参数”—“机械”组态。

电机每转的脉冲数与驱动器细分对应，实例为 1000。电机每转的负载位移＝电机转一圈的角度 360°/传动比(减速比)1，设置为 360mm，“所允许的方向”选择“双向”。

d.“扩展参数”—“位置限制”组态。

e.“动态”—“常规”组态。

f.“动态”—“急停”组态。

g.“回原点”—“主动”组态。

h.组态参数设置完毕后，编译保存项目，下载到 PLC 中，下载完成后，断电重启设备。

③根据控制要求列出 I/O 分配表。

④编写程序。

⑤编译及下载程序。

⑥设备调试。

# 第六节 FX3UPLC的应用

## 一、FX3UPLC的硬件概述

FX3U系列的PLC，现在大部分设备采用的都是FX3U的PLC，因为FX3U是FX2N的升级产品，在性能和运算速率上都比FX2N优越很多，故为大家介绍一下FX3U系列PLC硬件和源型/漏型输入/输出接线。

（一）正面面板

上盖板：存储器盒安装在这个盖板的下方，使用FX3U－7DM（显示模块）时，将这个盖板换成FX3U－7DM附带的盖板；电池盖板：电池（标配）保存在这个盖板的下方，更换电池时需要打开这个盖板；连接特殊适配器用的卡扣（2处）：连接特殊适配器时，使用这个卡扣进行固定；功能扩展板部分的空盖板：拆下这个空盖板，安装功能扩展板；RUN/STOP开关：写入（成批）顺控程序以及停止运算时，设置为STOP（开关拨动到下方），执行运算处理（机械运行）时，设置在RUN（开关拨动到上方）；连接外围设备用的连接口：连接编程工具执行顺控程序；安装DIN导轨用的卡扣：可以在DIN46277（宽度35mm）的DIN导轨上安装基本单元；型号显示（简称）：显示基本单元的型号名称；显示输入用的LED（红）：输入（X000～）接通时灯亮；端子排盖板：接线时，可以将这个盖板打开到90°后进行操作，运行（通电）时，关上这个盖板；连接扩展设备用的连接器盖板：将输入/输出扩展单元/模块以及特殊功能单元/模块的扩展电缆连接到这个盖板下面的接口上，可连接FX3U系列扩展设备、FX2N系列扩展设备、FXON系列扩展设备；显示运行状态的LED：根据RUN/STOP的模式分别亮起对应的指示灯；显示输出用的LED（红）：输出（Y000～）接通时灯亮。

（二）侧面

①连接特殊适配器用的连接器盖板：拆下这个盖板，将第1台特殊适

配器连接到连接口上:(安装功能扩展板连接器盖板时)。未安装功能扩展板时,没有连接口。

②连接高速输入/输出特殊适配器的连接口盖板:拆下这个盖板后,将第1台高速输入特殊适配器(FX3U－4HSX－ADP),或是高速输出特殊适配器(FX3U－2HSY－ADP)连接到连接口上。不能用于连接通信/模拟量/CF卡特殊适配器。

③固定功能扩展板用的螺丝孔(2处):使用螺丝(功能扩展板产品中附带)固定功能扩展板所需的孔。由于出厂时,安装了功能扩展板的空盖板,所以需拆下盖板后进行安装。

④铭牌:记载了产品型号名称、管理号、电源规格等。

⑤DIN导轨安装槽:可以安装在DIN46277(宽度35mm)的DIN导轨上。

(三)FX3U系列基本单元介绍

FX3U－16MR/ES－A基本单元,内置8入/8出(继电器),AC电源。

FX3U－32MR/ES－A基本单元,内置16入/16出(继电器),AC电源。FX3U－48MR/ES－A基本单元,内置24入/24出(继电器),AC电源。FX3U－64MR/ES－A基本单元,内置32入/32出(继电器),AC电源。

FX3U－80MR/ES－A基本单元,内置40入/40出(继电器),AC电源。

FX3U－128MR/ES－A基本单元,内置64入/64出(继电器),AC电源。

FX3U－16MT/ES－A基本单元,内置8入/8出(晶体管漏型),AC电源。

FX3U－32MT/ES－A基本单元,内置16入/16出(晶体管漏型),AC电源。FX3U－48MT/ES－A基本单元,内置24入/24出(晶体管漏型),AC电源。FX3U－64MT/ES－A基本单元,内置32入/32出(晶体管漏型),AC电源。FX3U－80MT/ES－A基本单元,内置40入/40出(晶体管漏型),AC电源。FX3U－128MT/ES－A基本单元,内置64入/

64 出(晶体管漏型),AC 电源。

### (四)端子排

电源端子的 AC 电源型为[L]、[N]端子。关于外部接线,需参考电源接线的说明。

DC24V 供给电源的电源型为[0V]、[24V]端子。DC 电源型中没有供给电源,因此端子显示为[(0V)]、[(24V)]。请勿将[(0V)]、[(24V)]两个端子直接相连。关于外部接线,需参考电源接线的说明。

输入端子的显示:AC 电源型、DC 电源型的输入端子显示相同,但输入的外部接线不同。关于外部接线,需参考输入接线的说明。

连接在公共端上(COM 口)的输出的显示:输出是由 1 点、4 点、8 点中的某一个单位共用 1 个公共端构成的。公共端上连接的输出编号(Y)就是“分隔线”用粗线框出的范围。晶体管输出(源型)型的「COM 口」端子即「+V 口」端子。

FX3U－16MR/口的输出端子:输出是以 1 个公共端连接继电器输出触点的两端,以同一信号名称记载。关于外部接线,需参考输出接线的说明。

### (五)接线方式(漏型/源型)

扩展电源单元外部接线(漏型输入【－公共端】)。扩展电源单元外部接线(源型输入【＋公共端】)。

### (六)漏型/源型输入介绍

#### 1. 漏型输入【－公共端】

当 DC 输入信号是从输入(X)端子流出电流进行输入时,称为漏型输入。连接晶体管输出型的传感器时,可以使用 NPN 集电极开路型晶体管输出。

#### 2. 源型输入【＋公共端】

当 DC 输入信号是电流流向输入(X)端子的输入时,称为源型输入。连接晶体管输出型的传感器时,可以使用 PNP 集电极开路型晶体管输出。

## 二、FX3UPLC 的软件概述

PLC 软件应用非常广泛，比如 AD/DA/SC 等，不过这些都只能用于 Q 系列，FX 系列还是得用原来的指令，比如 DA/AD，只能使用 FROM 和 TO 指令。以下对其程序设计控制器系列软件进行介绍。

FXGP WIN C：FX 系列 PLC 程序设计软件（不含 FX3U），支持梯形图、指令表、SFC 语言程序设计，可进行程序的线上更改、监控及调试，具有异地读写 PLC 程序功能。

GX Developer：全系列 PLC 程序设计软件，支持梯形图、指令表、SFC、ST 及 FB、Label 语言程序设计，网络参数设定，可进行程序的线上更改、监控及调试，结构化程序的编写（分部程序设计），可制作成标准化程序，在其他同类系统中使用。

GX Simulator：PLC 的仿真调试软件，支持型号 PLC（FX，AnU，QnA 和 Q 系列），模拟外部 I/O 信号，设定软件状态与数值。

GX Explorer：全系列 PLC 维护工具，提供 PLC 维护必要的功能。类似 Windows 操作，通过拖动进行程序的上传/下载，可以同时打开几个窗口监控多个 CPU 系统的资料，配合 GX Remote Service I 使用网际网络维护功能。

GX Remote Service I：全系列 PLC 远程访问工具，安装在服务器上，通过网际网络/局域网连接 PLC 和客户。将 PLC 的状态发 EMAIL 给手机或计算机，可以通过网际网络浏览器对软组件进行监控/测试。在客户机上，可使用 GX Explorer 软件通过网际网络/局域网进入 PLC。

GX Configure at or CC：A 系列专用，CC－Link 单元的设定，监控工具。用于 A 系列 CC－Link 主站模块的网络参数设定，无须编制顺控程序，而是在软件图形输入屏幕中简单设定。可以监控、测试和诊断 CC－Link 站的状态（主站/其他站），可以设置 AJ65BT－R2 的缓存寄存器。

GX Configure at or AD：Q 系列专用，A/D 转换单元的设定，监控工具。用于设置 Q64AD、Q68ADV 和 Q68ADI 模数转换模块的初始化和自动刷新数据，不用编制顺控程序即可实现 A/D 模块的初始化功能。

GX Configure at or DA：Q 系列专用，D/A 转换单元的设定，监控工

具。用于设置 Q62DA、Q64DA、Q68DAV 和 Q68DAI 数模转换模块的初始化及自动刷新数据。不用编制顺控程序即可实现 D/A 模块的初始化功能。

GX Configure at or SC：Q 系列专用，串行通信单元的设定，监控工具。用于设置串行通信模块 QJ71C24(N)、QJ71C24(N)－R2(R4)等模块。不用顺控程序即可实现传送控制、MC 协议通信、无协议通信、交互协议通信、PLC 监视功能、调制解调器参数设定。

GX Configure at or CT：Q 系列专用，高速计数器单元的设定，监控工具。用于设置 QD62、QD62E 或 QD62D 高速计数模块的初始化和自动刷新数据，不用编制顺控程序即可实现初始化功能。

GX Configure at or PT：Q 系列专用，QD70 单元的设定，监控工具。用来设定 QD70P4 或 QD70P8 定位模块的初始化数据。省去了用于初始化资料设定的顺控程序，便于检查设置状态和运行状态。

GX Configure at or QP：Q 系列专用，QD75P/DM 用的定位单元的设定，监控工具。可以对 QD75 口进行各种参数、定位资料的设置，监视控制状态并执行运行测试。进行(离线)预设定位时，会在资料基础上进行调试，并实现维护监视功能，即以时序图形式表示定位模块 I/O 信号、外部 I/O 信号和缓冲存储器状态进行采样监视。

GX Configure at or TI：Q 系列专用，温度输入器单元的设定，监控工具。用于设置 Q64TD 或 Q64RD 温度输入模块的初始化和自动刷新数据，不用编制顺控程序即可实现初始化功能。

GX Configure at or TC：Q 系列专用，温度调节器单元的设定，监控工具。用于设置 Q64TCTT、Q64TCTTBW、Q64TCRT 或 Q64TCRTBW 温度控制模块的初始化和自动刷新数据。

GX Configure at or AS：Q 系列专用，AS－I 主控单元的设定，监控工具。用于设置 AS－i 主模块 QJ71AS92 自动读出/写入的通信资料、CPU 软组件存储的自动刷新设置、配置资料的注册/EEP－ROM 保存等。

GX Configure at or DP：MELSEC PLC 系列专用，Profibus－DP 模块的设定，监控工具。用于设置 Profibus－DP 主站模块 QJ71PB92D 和

A(1S)J71PB92D 网络参数(包括主站参数设定、总线参数设定、从站设定等)。使用 QJ71PB92D 时可以实现自动刷新功能,通过网络线上远程登录模块。

GX Converter: GX Converter 软件包用于将 GX Developer 的资料转换成 Word 或 Excel 资料,使文件的创建简单化,即把 Excel 资料(CSV 格式)或文本资料(TXT 文件)用于 GPPW,把 GPPW 程序表和软组件注释转换为 Excel 资料(CSV 格式)或文本资料(TXT 文件)。

MX Component:MX Component 支持个人计算机与可程序设计控制器之间的所有通信路径,支持 Visual C++、Visual Basic 和 Access Excel 的 VBA、VB Script。不用考虑各种通信协议的不同,只要经过简单处理即可实现通信。不用连接 PLC,和 GX Simulator 同时使用,实现仿真调试。

MX Sheet:MX Sheet 是一种软件包,它使用 Excel,不用程序设计,只要进行简单设置即可运行可程序设计控制器系统的监视/记录/警报信息的采集/设置值的更改操作,将可程序设计控制器的软组件资料存储在 Excel 上,能够容易地收集和分析现场的品质、温度、试验结果等资料。Excel 上显示可程序设计控制器内的软组件实时状态。它将可程序设计控制器内的位信息作为警报信息存储在 Excel 上,保存故障发生的历史记录;自动保存指定时刻或可程序设计控制器发出触发条件时 Excel 上显示出来的资料,可用来实现日报和试验结果表的制作和存储的自动化。

# 第六章 电子控制与 PLC 控制技术

## 第一节 可编程序控制器概述

可程控制器(Programmable Logic Controller,PLC),是一种数字运算操作的电子系统,是在 20 世纪 60 年代末面向工业环境由美国科学家首先研制成功的。根据国际电工委员会(IEC)在 1987 年的可程控制器国际标准第三稿中,对其定义如下:“可程控制器是一种数字运算操作的电子系统,专为在工业环境应用而设计的。”它采用可程序的存储器,其内部存储执行逻辑运算、顺序控制、定时、计数和算术运算等操作指令,并通过数字的、模拟的输入和输出,控制各种类型的机械或生产过程。可程序控制器及其有关设备,都是按易于与工业控制系统形成一体、易于扩充其功能的原则设计的。

PLC 自产生至今只有 30 多年的历史,却得到了迅速发展和广泛应用,成为当代工业自动化的主要支柱之一。

### 一、可程序控制器产生与发展

现代社会要求生产厂家对市场的需求做出迅速的反应,生产出小批量、多品种、多规格、低成本和高质量的产品。老式的继电器控制系统已无法满足这一要求,迫使人们去寻找一种新的控制装置取而代之。

第一代是 1969—1973 年,这一时期是 PLC 的初创时期。在这个时期,PLC 从有触点不可程的硬接线顺序控制器发展成为小型机的无触点可程逻辑控制器,可靠性与以往的继电器控制系统相比有很大提高,灵活性也有所增强。主要功能包括逻辑运算、计时、计数和顺序控制,CPU 由中小规模集成电路组成，存储器为磁芯存储器。

第二代 1974—1977 年，这一代是 PLC 的发展中期。在这个时期，由于 8 位单片 CPU 和集成存储器芯片的出现，PLC 得到了迅速发展和完善，并逐步趋向系列化和实用化，普遍应用于工业生产过程控制。PLC 除了原有功能外，又增加了数值运算、数据的传递和比较、模拟量的处理和控制等功能，可靠性进一步提高，开始具备自诊断功能。

第三代 1978—1983 年，PLC 进入成熟阶段。在这个时期，微型计算机行业已出现了 16 位 CPU，MCS－51 系列单片机也由 Intel 公司推出，使 PLC 也开始朝着大规模、高速度和高性能方向发展，PLC 的生产量在国际上每年以 30％的递增量迅速增长。在结构上，PLC 除了采用微处理器及 EPROM，EE－PROM，CMCSRAM 等 LSI 电路外，还向多微处理器发展，使 PLC 的功能和处理速度大大提高；PLC 的功能又增加了浮点运算、平方、三角函数、相关数、查表、列表、脉宽调制变换等，初步形成了分布式可程控制器的网络系统，具有通信功能和远程 I/O 处理能力，编程语言较规范和标准化。此外，自诊断功能及容错技术发展迅速，使 PLC 系统的可靠性得到了进一步提高。

第四代是 1984 年至今，PLC 的规模更大，存储器的容量又提高了 1 个数量级（最高可达 896K），有的 PLC 已采用了 32 位微处理器，多台 PLC 可与大系统一起连成整体的分布式控制系统，在软件方面有的已与通用计算机系统兼容。程语言除了传统的梯形图、流程图语句表外，还有用于算术的 BASIC 语言、用于机床控制的数控语言等。在人机接口方面，采用了现实信息等更多直观的 CRT，完全代替了原来的仪表盘，使用户的编程和操作更加方便灵活。PLC 的 I/O 模件一方面发展自带微处理器的智能 I/O 模件，另一方面也注意增大 I/O 点数，以适应控制范围的增大和在系统中使用 A/D，D/A 通信及其他特殊功能模件的需要。同时，各 PLC 生产厂家还注意提高 I/O 的密集度，生产高密度的 I/O 模件，以节省空间，降低系统的成本。据统计，在世界范围内，PLC 平均每 5a 更新换代 1 次。

目前,在各行业应用最多的是第二、第三代产品。另外,在 PLC 的发展过程中,产生了三类按 I/O 点分类的 PLC:小型、中型、大型。一般小于 256 点为小型(小于 64 为超小型或微型 PLC)。控制点不大于 2048 点为中型 PLC,2048 点以上为大型 PLLC(超过 8192 点为超大型 PLC)。

## 二、可程控制器研究现状

### (一)国外可程控制器研究现状

目前,全世界有 PLC 生产厂家约 200 家,生产 300 多个品种全球 PLC 发运件数 1998 年为 1456 万件,1999 年为 1620 万件,2000 年达到 1778 万件。在 1995 年发运的 PLC 中,按最终用户分:汽车占 23%,粮食加工占 16.4%,化学药品占 14.6%,金属、矿山占 11.5%,纸浆、造纸占 11.3%,其他占 23.2%。而且随着 PLC 与 IPC、DCS 集成,PLC 逐渐成为占自动化装置及过程控制系统最大市场份额的产品。2000 年 PLC 的销售额在控制市场份额中超过 50%。从 SIMATIC7S－400 的性能可对 PLC 窥见一斑:SIMATIC57—400 是匣式封装模块,可卡在导轨上安装,由 0 总线和通信总线建立电气连接,模块可在工作或加电时替换或插、拔,可快速安装维护,修改方便,其主要性能有:

①CPU 存储器容量 64K 字节,可扩展到 1.6M 字节。

②位和字处理速度 80ns 至 200ns。

③最高系统计算能力可以有 4 个 CPU 同时计算。

④强大的扩展能力 57－400 中央控制器最多能连接 21 个扩展单元。

⑤每个 CPU 上多点接口 MPD 能力,可同时连接编程装置、操作员接口系统等。

⑥CPU 上的 SINEC—2L—DP 附加有分散 I/O 的集成性能。

⑦提供与计算机和其他 Siemens 产品或系统的连接接口。

⑧高可靠性,完善的自诊断和排除故障功能。

### (二)国内可程控制器研究现状

我国的 PLC 生产目前也有一定的发展,小型 PLC 已批量生产;中型

PLC已有产品；大型PLC已经开始研制。有的产品不仅供应国内市场，而且还有出口。国内PLC形成产品化的生产企业约30多家。但是国内产品市场占有率不超过10%，1996年中国PLC销售约9万套，进口8万套，总计约合人民币15亿元。当然，国内产品在价格上占有明显的优势。对于国内PLC的认识，可以从江苏嘉华实业有限公司生产的JH120系列产品窥见一斑，其主要性能有：

①输入输出从20点到120点任意配置；

②内置32个定时器、31个计数器、几百个中间继电器和数据寄存器，可方便地完成逻辑控制、定时、计数控制、高速计数、数据处理、模拟量控制等功能；

③简便，108条指令功能齐全；

④DNI标准卡槽安装，可拆端子排接线；

⑤高可靠性，强抗干扰用于各种工业环境；

总体来说，国产PLC的发展有一定的基础。

## 三、可程控制器组成部分、分类及特点

### (一)可程序控制器组成部分

PLC编程控制器由硬件系统和软件系统两个部分组成，其中硬件系统可分为中央处理器和储存器两个部分，软件系统则为PLC软件程序和PLC编程语言两个部分。

1. 软件系统

(1)PLC软件：PLC可程控制器的软件系统由PLC软件和程语言组成，PLC软件运行主要依靠系统程序和程语言。一般情况下，控制器的系统程序在出厂前就已经被锁定在了ROM系统程序的储存设备中。

(2)PLC程语言：PLC程语言主要用于辅助PLC软件的运作和使用，它的运作原理是利用程元件继电器代替实际元件继电器进行运作，将程逻辑转化为软件形式存在于系统当中，从而帮助PLC软件运作和

使用。

2.硬件结构

(1)中央处理器:中央处理器在PLC编程控制器中的作用相当于人体的大脑,用于控制系统运行的逻辑,执行运算和控制。它也是由两个部分组成,分别是运算系统和控制系统,运算系统执行数据运算和分析,控制系统则根据运算结果和编程逻辑执行对生产线的控制、优化和监督。

(2)储存器:储存器主要执行数据储存、程序变动储存、逻辑变量以及工作信息等,储存系统也用于储存系统软件,这一储存器叫作程序储存器。PLC可程控制器中的储存硬件在出厂前就已经设定好了系统程序,而且整个控制器的系统软件也已经被储存在了储存器中。

(3)输入街出:输入街出执行数据输入和输入,它是系统与现场的I/O装置或别的设备进行连接的重要硬件装置,是实现信息输入和指令输出的重要环节。PLC将工业生产和流水线运作的各类数据传送到主机当中,而后由主机中程序执行运算和操作,再将运算结果传送到输入模块,最后再由输入模块将中央处理器发出的执行命令转化为控制工业时间长的强电信号,控制电磁阀、电机以及接触器执行输出指令。

(二)可程序控制器分类

PLC产品种类繁多,其规格和性能也各不相同。对PLC的分类,通常根据其结构形式的不同、功能的差异和I/O点数的多少等进行大致分类。

1.按结构形式分类

根据PLC的结构形式,可将PLC分为整体式和模块式两类。

(1)整体式PLC是将CPU、存储器、IO部件等组成部分集中于一体,安装在印刷电路板上,并连同电源一起装在一个机壳内,形成一个整体,通常称为主机或基本单元。整体式结构的PLC具有结构紧凑、体积小、重量轻、价格低的优点。一般小型或超小型PLC多采用这种结构。整体式PLC由不同I/O点数的基本单元(又称主机)和扩展单元组成。基本单元内有 CPU、I/O 接口、与 I/O 扩展单元相连的扩展口，以及与程序或 EPROM 写入器相连的接口等。扩展单元内除了 I/O 和电源等，没有其他的外设。基本单元和扩展单元之间一般用扁平电缆连接。整体式 PLC 一般还可配备特殊功能单元，如模拟量单元、位置控制单元等，使其功能得以扩展。

(2)模块式 PLC 是把各个组成部分做成独立的模块，如 CPU 模块、输入模块、输出模块、电源模块等。各模块做成插件式，并将组装在一个具有标准尺寸并带有若干插槽的机架内。模块式 PLC 由框架或基板和各种模块组成。模块装在框架或基板的插座上。这种模块式 PLC 的特点是配置灵活，装配和维修方便，易于扩展。大、中型 PLC 一般采用模块式结构。

还有一些 PLC 将整体式和模块式的特点结合起来，构成所谓叠装式 PLC。叠装式 PLC 其 CPU、电源、I/O 接口等也是各自独立的模块，但它们之间是靠电缆进行连接，并且各模块可以一层层地叠装。这样，不但可以灵活配置系统，还可做得体积小巧。

2. 按功能分类

根据 PLC 所具有的不同功能，可将 PLC 分为低档、中档、高档三类。

(1)低档 PLC 具有逻辑运算、定时、计数、移位以及自诊断、监控等基本功能，还具有实现少量模拟量输入/输出、算术运算、数据传送和比较、通信的功能。主要用在逻辑控制、顺序控制或少量模拟量控制的单机控制系统中。

(2)中档 PLC 不仅具有低档 PLC 的功能外，还具有模拟量输入/输出、算术运算、数据传送和比较、数制转换、远程 I/O、子程序、通信联网等强大的功能。有些还可增设中断控制、PID 控制等功能，比较适用于复杂控制系统中。

(3)高档 PLC 不仅具有中档机的功能外，还增加了带符号算术运算、矩阵运算、位逻辑运算、平方根运算及其他特殊功能函数的运算、制表及表格传送等功能。高档 PLC 机具有更强的通信联网功能,可用于大规模过程控制或构成分布式网络控制系统,实现工厂自动化控制。

3. 按 I/O 点数分类

可程控制器用于对外部设备的控制,外部信号的输入、PLC 的运算结果的输出都要通过 PLC 输入输出端子来进行接线,输入、输出端子的数目之和被称作 PLC 的输入、输出点数,简称 I/O 点数。根据 PLC 的 I/O 点数的多少,可将 PLC 分为小型、中型和大型三类。

(1)小型 PLC——I/O 点数＜256 点;单 CPU、8 位或 16 位处理器、用户存储器容量 4K 字以下。如 GE—I 型,TI100,F、F1、F2 等。

(2)中型 PLC——I/O 点数 256—2048 点;双 CPU,用户存储器容量 2—8K。如 S7—300,SR—400,SU—5、SU—6 等。

(3)大型 PLC——I/O 点数＞2048 点;多 CPU,16 位、32 位处理器,用户存储器容量 8—16K。如 S7—400、GE—IV、C—2000、K3 等。

(三)可程序控制器特点

1. 通用性强,使用方便

由于 PLC 产品的系列化和模块化,PLC 配备有品种齐全的各种硬件装置供用户选用。当控制对象的硬件配置确定以后,就可通过修改用户程序,方便快速地适应工艺条件的变化。

2. 功能性强,适应面广

现代 PLC 不仅具有逻辑运算、计时、计数、顺序控制等功能,而且还具有 A/D 和 D/A 转换、数值运算、数据处理等功能。因此,它既可对开关量进行控制,也可对模拟量进行控制,既可控制 1 台生产机械、1 条生产线,也可控制 1 个生产过程。PLC 还具有通信联络功能,可与上位计算机构成分布式控制系统,实现遥控功能。

3. 可靠性高,抗干扰能力强

绝大多数用户都将可靠性作为选择控制装置的首要条件。针对

PLC是专为在工业环境下应用而设计的，故采取了一系列硬件和软件抗干扰措施。硬件方面，隔离是抗干扰的主要措施之一。PLC的输入、输出电路一般用光电耦合器来传递信号，使外部电路与CPU之间无电路联系，有效地抑制了外部干扰源对PLC的影响，同时，还可以防止外部高电压窜入CPU模块。滤波是抗干扰的另一主要措施，在PLC的电源电路和I/O模块中，设置了多种滤波电路，对高频干扰信号有良好的抑制作用。软件方面，设置故障检测与诊断程序。采用以上抗干扰措施后，一般PLC平均无故障时间高达4万—5万h。

4. 编程方法简单，容易掌握

PLC配备有易于接受和掌握的梯形图语言。该语言程元件的符号和表达方式与继电器控制电路原理图相当接近。

5. 控制系统的设计、安装、调试和维修方便

PLC用软件功能取代了继电器控制系统中大量的中间继电器、时间继电器、计数器等部件，控制柜的设计、安装接线工作量大为减少。PLC的用户程序大都可以在实验室模拟调试，调试好后再将PLC控制系统安装到生产现场，进行联机统调。在维修方面，PLC的故障率很低，且有完善的诊断和实现功能，一旦PLC外部的输入装置和执行机构发生故障，就可根据PLC上发光二极管或程器上提供的信息，迅速查明原因。若是PLC本身问题，则可更换模块，迅速排除故障，维修极为方便。

6. 体积小、质量小、功耗低

由于PLC是将微电子技术应用于工业控制设备的新型产品，因而结构紧凑，坚固，体积小，质量小，功耗低，而且具有很好的抗震性和适应环境温度、湿度变化的能力。因此，PLC很容易装入机械设备内部，是实现机电一体化较理想的控制设备。

## 四、可程控制器工作原理

可程控制器通电后，需要对硬件及其使用资源做一些初始化的工作，

为了使可程控制器的输出即时地响应各种输入信号，初始化后系统反复不停地分阶段处理各种不同的任务，这种周而复始的工作方式称为扫描工作方式。根据PLC的运行方式和主要构成特点来讲，PLC实际上是一种计算机软件，且是用于控制程序的计算机系统，它的主要优势在于比普通的计算机系统拥有更为强大的工程过程接口，这种程序更加适合于工业环境。PLC的运作方式属于重复运作，主要通过循序扫描以及循环工作来实现，在主机程序的控制下，PLC可以重复对目标进行信息

(一)系统初始化

PLC上电后，要进行对CPU及各种资源的初始化处理，包括清除I/O映像区、变量存储器区、复位所有定时器，检查I/O模块的连接等。

(二)读取输入

在可程序控制器的存储器中，设置了一片区域来存放输入信号和输出信号的状态，它们分别称为输入映像寄存器和输出映像寄存器。在读取输入阶段，可程序控制器把所有外部数字量输入电路的ON/OFF(I/O)状态读入输入映像寄存器。外接的输入电路闭合时，对应的输入映像寄存器为i状态，梯形图中对应输入点的常开触点接通，常闭触点断开。外接的输入电路断开时，对应的输入映像寄存器为O状态，梯形图中对应输入点的常开触点断开，常闭触点接通。

(三)执行用户程序

可程序控制器的用户程序由若干条指令组成，指令在存储器中按顺序排列。在用户程序执行阶段，在没有跳转指令时，CPU从第一条指令开始，逐条顺序地执行用户程序，直至遇到结束(END)指令。遇到结束指令时，CPU检查系统的智能模块是否需要服务。

在执行指令时，从I/O映像寄存器或别的位元件的映像寄存器读出其0/1状态，并根据指令的要求执行相应的逻辑运算，运算的结果写入相应的映像寄存器中。因此，各映像寄存器(只读的输入映像寄存器除外)的内容随着程序的执行而变化。

在程序执行阶段，即使外部输入信号的状态发生了变化，输入映像寄存器的状态也不会随之而变，输入信号变化了的状态只能在下一个扫描周期的读取输入阶段被读入。执行程序时，对输入/输出的存取通常是通过映像寄存器，而不是实际的I/O点，这样做有以下好处：程序执行阶段的输入值是固定的，程序执行完后再用输出映像寄存器的值更新输出点，使系统的运行稳定；用户程序读写I/O映像寄存器比读写I/O点快得多，这样可以提高程序的执行速度；I/O点必须按位来存取，而映像寄存器可按位、字节来存取，灵活性好。

（四）通信处理

在智能模块及通信信息处理阶段，CPU模块检查智能模块是否需要服务，如果需要，读取智能模块的信息并存放在缓冲区中，供下一扫描周期使用。在通信信息处理阶段，CPU处理通信口接收到的信息，在适当的时候将信息传送给通信请求方。

（五）CPU自诊断测试

自诊断测试包括定期检查EPROM、用户程序存储器、I/O模块状态以及I/O扩展总线的一致性，将监控定时器复位，以及完成一些别的内部工作。

（六）修改输出

CPU执行完用户程序后，将输出映像寄存器的0/1状态传送到输出模块并锁存起来。梯形图中某一输出位的线圈“通电”时，对应的输出映像寄存器为1状态。信号经输出模块隔离和功率放大后，继电器型输出模块中对应的硬件继电器的线圈通电，其常开触点闭合，使外部负载通电工作。若梯形图中输出点的线圈“断电”，对应的输出映像寄存器中存放的二进制数为0，将它送到物理输出模块，对应的硬件继电器的线圈断电，其常开触点断开，外部负载断电，停止工作。

（七）中断程序处理

如果PLC提供中断服务，而用户在程序中使用了中断，中断事件发生时立即执行中断程序,中断程序可能在扫描周期的任意时刻被执行。

（八）立即 I/O 处理

在程序执行过程中使用立即 I/O 指令可以直接存取 I/O 点。用立即 I/O 指令读输入点的值时,相应的输入映像寄存器的值未被更新。用立即 I/O 指令来改写输出点时,相应的输出映像寄存器的值被更新。

## 五、可程控制器应用领域

在发达的工业国家,PLC 已经广泛应用于钢铁、石油、化工、电力、建材、机械制造、汽车、轻纺、交通运输、环保及文化娱乐等各行各业。随着 PLC 性能价格比的不断提高,一些过去使用专用计算机的场合,也转向使用 PLC。PLC 的应用范围在不断扩大,可归纳为如下几个方面。

(1)开关量的逻辑控制:这是 PLC 最基本最广泛的应用领域。PLC 取代继电器控制系统,实现逻辑控制。例如:机床电气控制,冲床、铸造机械、运输带、包装机械的控制,注塑机的控制,化工系统中各种泵和电磁阀的控制,冶金企业的高炉上料系统、轧机、连铸机、飞剪的控制,电镀生产线、啤酒灌装生产线、汽车配装线、电视机和收音机的生产线控制等。

(2)运动控制:PLC 可用于对直线运动或圆周运动的控制。早期直接用开关量 I/O 模块连接位置传感器与执行机构,现在一般使用专用的运动控制模块。这类模块一般带有微处理器,用来控制运动物体的位置、速度和加速度,它可以控制直线运动或旋转运动、单轴或多轴运动。它们使运动控制与可程控制器的顺序控制功能有机地结合在一起,被广泛地应用在机床、装配机械等场合。世界上各主要 PLC 厂家生产的 PLC 几乎都有运动控制功能。

(3)闭环过程控制:在工业生产中,一般用闭环控制方法来控制温度、压力、流量、速度这一类连续变化的模拟量,无论是使用模拟调节器的模拟控制系统还是使用计算机(包括 PLC)的控制系统,PID(Proportional Integral Differential,即比例—积分—微分调节)都因其良好的控制效果,得到了广泛的应用。PLC 通过模拟量 I/O 模块实现模拟量与数字量之

间的 A/D,D/A 转换,并对模拟量进行闭环 PID 控制,可用 PID 子程序来实现,也可使用专用的 PID 模块。PLC 的模拟量控制功能已经广泛应用于塑料挤压成型机、加热炉、热处理炉、锅炉等设备,还广泛地应用于轻工、化工、机械、冶金、电力和建材等行业。

利用可程控制器(PLC)实现对模拟量的 PID 闭环控制,具有性价比高、用户使用方便、可靠性高、抗干扰能力强等特点。用 PLC 对模拟量进行数字 PID 控制时,可采用三种方法:使用 PID 过程控制模块;使用 PLC 内部的 PID 功能指令;或者用户自制 PID 控制程序。如果有的 PLC 没有 PI 功能指令,或者虽然可以使用 PID 指令,但是希望采用其他的 PID 控制算法,则可采用第三种方法,即自 PID 控制程序。

PLC 在模拟量的数字 PID 控制中的控制特征是:由 PLC 自动采样,同时将采样的信号转换为适于运算的数字量,存放在指定的数据寄存器中,由数据处理指令调用、计算处理后,由 PLC 自动送出。其 PID 控制规律可由梯形图程序来实现,因而有很强的灵活性和适应性,一些原在模拟 PID 控制器中无法实现的问题在引入 PLC 的数字 PID 控制后就可以得到解决。

(4)数据处理:现代的 PLC 具有数学运算、数据传递、转换、排序和查表、位操作等功能,可以完成数据的采集、分析和处理。这些数据可以与储存在存储器中的参考值比较,也可以用通信功能传送到别的智能装置,或将其打印制表。数据处理一般用在大、中型控制系统,如柔性制造系统、过程控制系统等。

(5)机器人控制:机器人作为工业过程自动生产线中的重要设备,已成为未来工业生产自动化的三大支柱之一。现在许多机器人制造公司,选用 PLC 作为机器人控制器来控制各种机械动作。随着 PLC 体积进一步缩小,功能进一步增强,PLC 在机器人控制中的应用必将更加普遍。

(6)通信联网:PLC 的通信包括 PLC 之间的通信、PLC 与上位计算机和其他智能设备之间的通信。PLC 和计算机具有接口,用双绞线、同轴电缆或光缆将其连成网络,以实现信息的交换,并可构成“集中管理,分散控制”的分布式控制系统。目前 PLC 与 PLC 的通信网络是各厂家专用的。PLC 与计算机之间的通信，一些 PLC 生产厂家采用工业标准总线，并向标准通信协议靠拢。

## 六、可程控制器发展趋势

### （一）传统可程序控制器发展趋势

#### 1. 技术发展迅速，产品更新换代快

随着微子技术、计算机技术和通信技术的不断发展，PLC 的结构和功能不断改进，生产厂家不断推出功能更强的 PLC 新产品，平均 3—5 年更新换代 1 次。PLC 的发展有两个重要趋势：

(1)向体积更小、速度更快、功能更强、价格更低的微型化发展，以适应复杂单机、数控机床和工业机器人等领域的控制要求，实现机电一体化；

(2)向大型化、复杂化、多功能、分散型、多层分布式工厂全自动网络化方向发展。

#### 2. 开发各种智能模块，增强过程控制功能

智能 I/O 模块是以微处理器为基础的功能部件。它们的 CPU 与 PLC 的主 CPU 并行工作，占用主机 CPU 的时间很少，有利于提高 PLC 的扫描速度。智能模块主要有模拟量 I/O、PID 回路控制、通信控制、机械运动控制等，高速计数、中断输入、BA－SIC 和 C 语言组件等。智能 I/O 的应用，使过程控制功能增强。某些 PLC 的过程控制还具有自适应、参数自整定功能，使调试时间减少，控制精度提高。

#### 3. 与个人计算机相结合

目前，个人计算机主要用作 PLC 编程器、操作站或人/机接口终端，其发展是使 PLC 具备计算机的功能。大型 PLC 采用功能很强的微处理器和大容量存储器，将逻辑控制、模拟量控制、数学运算和通信功能紧密

结合在一起。这样,PLC 与个人计算机、工业控制计算机、集散控制系统在功能和应用方面相互渗透,使控制系统的性能价格比不断提高。

4. 通信联网功能不断增强

PLC 的通信联网功能使 PLC 与 PLC 之间,PLC 与计算机之间交换信息,形成一个统一的整体,实现分散集中控制。

5. 发展新的编程语言,增加容错功能

改善和发展新的程语言、高性能的外部设备和图形监控技术构成的人/机对话技术,除梯形图、流程图、专用语言指令外,还增加了 BASIC 语言的编程功能和容错功能。如双机热备、自动切换 I/O、双机表决(当输入状态与 PLC 逻辑状态比较出错时,自动断开该输出)、I/O 三重表决(对 I/O 状态进行软硬件表决,取两台相同的)等,以满足极高可靠性要求。

6. 不断规范化、标准化

PLC 厂家在对硬件编程工具不断升级的同时,日益向制造自动化协议(MAP)靠拢,并使 PLC 的基本部件(如输入输出模块、接线端子、通信协议、编程语言和编程工具等)的技术规范化、标准化,使不同产品互相兼容、易于组网,以真正方便用户,实现工厂生产的自动化。

(二)新型可程序控制器发展趋势

目前,人们正致力于寻求开放型的硬件或软件平台,新一代 PLC 以下主要有两种发展趋势。

1. 向大型网络化、综合化方向发展

实现信息管理和工业生产相结合的综合自动化是 PLC 技术发展的趋势。现代工业自动化已不再局限于某些生产过程的自动化,采用 32 位微处理器的多 CPU 并行工作和大容量存储器的超大型 PLC 可实现超万点的 I/O 控制,大中型 PLC 具有如下功能:函数运算、浮点运算、数据处理、文字处理、队列、阵运算、PLD 运算、超前补偿、滞后补偿、多段斜坡曲线生成、处方、配方、批处理、故障搜索、自诊断等。强化通信能力和网络化功能是大型 PLC 发展的一个重要方面。主要表现在：向下将多个 PLC 与远程 I/O 站点相连，向上与工控机或管理计算机相连构成整个工厂的自动化控制系统。

2. 向速度快、功能强的小型化方向发展

当前小型化 PLC 在工业控制领域具有不可替代的地位，随着应用范围的扩大，体积小、速度快、功能强、价格低的 PLC 广泛应用到工控领域的各个层面。小型 PLC 将由整体化结构向模块化结构发展，系统配置的灵活性得以增强。小型化发展具体表现在：结构上的更新、物理尺寸的缩小、运算速度的提高、网络功能的加强、价格成本的降低。小型 PLC 的功能得到进一步强化，可直接安装在机器内部，适用于回路或设备的单机控制，不仅能够完成开关量的 I/O 控制，还可以实现高速计数、高速脉冲输出、PWM 波输出、中断控制、PLC 控制、网络通信等功能，更利于机电一体化的形成。

现代 PLC 在模块功能、运算速度、结构规模以及网络通信等方面都有了跨越式发展，它与计算机、通信、网络、半导体集成、控制、显示等技术的发展密切相关。PLC 已经融入了 IPC 和 DCS 的特点。面对激烈的技术市场竞争，PLC 面临其他控制新技术和新设备所带来的冲击，PLC 必须不断融入新技术、新方法，结合自身的特点，推陈出新，功能更加完善。PLC 技术的不断进步，加之在网络通信技术方面出现新的突破，新一代 PLC 将能够更好地满足各种工业自动化控制的需要，其技术发展趋势有如下特点：

(1)网络化

PLC 相互之间以及 PLC 与计算机之间的通信是 PLC 的网络通信所包含的内容。人们在不断制订与完善通用的通信标准，以加强 PLC 的联网通信能力。PLC 典型的网络拓扑结构为设备控制、过程控制和信息管理 3 个层次，工业自动化使用最多、应用范围最广泛的自动化控制网络便是 PLC 及其网络。

人们把现场总线引入设备控制层后，工业生产过程现场的检测仪表、变频器等现场设备可直接与 PLC 相连；过程控制层配置工具软件，人机界面功能更加友好、方便；具有工艺流程、动态画面、趋势图生成等显示功能和各类报表制作等多种功能，还可使 PLC 实现跨地区的监控、编程、诊断、管理，实现工厂的整体自动化控制；信息管理层使控制与信息管理融为一体。在制造业自动化通信协议规约的推动下，PLC 网络中的以太网通信将会越来越重要。

(2)模块多样化和智能化

各厂家拥有多样的系列化 PLC 产品，形成了应用灵活，使用简便、通用性和兼容性更强的用户的系统配置。智能的输入/输出模块不依赖主机，通常也具有中央处理单元、存储器、输入/输出单元以及与外部设备的接口，内部总线将它们连接起来。智能输入/输出模块在自身系统程序的管理下，进行现场信号的检测、处理和控制，并通过外部设备接口与 PLC 主机的输入/输出扩展接口连接，从而实现与主机的通信。智能输入/输出模块既可以处理快速变化的现场信号，还可使 PLC 主机能够执行更多的应用程序。

适应各种特殊功能需要的各种智能模块，如智能 PID 模块、高速计数模块、温度检测模块、位置检测模块、运动控制模块、远程 I/O 模块、通信和人机接口模块等，其 CPI 与 PLC 的 CPU 并行工作，占用主机的 CPU 时间很少，可以提高 PLC 的扫描速度和完成特殊的控制要求。智能模块的出现，扩展了 PLC 功能，扩大了 PLC 应用范围，从而使得系统的设计更加灵活方便。

(3)高性能和高可靠性

如果 PLC 具有更大的存储容量、更高的运行速度和实时通信能力，必然可以提高 PLC 的处理能力、增强控制功能和范围。高速度包括运算速度、交换数据、编程设备服务处理以及外部设备响应等方面的高速化，运行速度和存储容量是 PLC 非常重要的性能指标。

自诊断技术、冗余技术、容错技术在PLC中得到广泛应用，在PLC控制系统发生的故障中，外部故障发生率远远大于内部故障的发生率。PLC内部故障通过PLC本身的软、硬件能够实现检测与处理，检测外部故障的专用智能模块将进一步提高控制系统的可靠性，具有容错和冗余性能的PLC技术将得以发展。

(4)编程朝着多样化、高级化方向发展

硬件结构的不断发展和功能的不断提高，PLC程语言，除了梯形图、语句表外，还出现了面向顺序控制的步进程语言、面向过程控制的流程图语言以及与微机兼容的高级语言等，将满足适应各种控制要求。另外，功能更强、通用的组态软件将不断改善开发环境，提高开发效率。PLC技术进步的发展趋势也将是多种编程语言的并存、互补与发展。

(5)集成化

所谓软件集成，就是将PLC编程、操作界面、程序调试、故障诊断和处理、通信等集于一体。监控软件集成，系统将实现直接从生产中获得大量实时数据，并将数据加以分析后传送到管理层；此外，它还能将过程优化数据和生产过程的参数迅速地反馈到控制层。现在，系统的软、硬件只需通过模块化、系列化组合，便可在集成化的控制平台上“私人定制”的客户需要的控制系统，包括PLC控制系统、伺服控制系统、DCS系统以及SCADA系统等，系统维护更加方便。将来，PLC技术将会集成更多的系统功能，逐渐降低用户的使用难度，缩短开发周期以及降低开发成本，以满足工业用户的需求。在一个集成自动化系统中，设备间能够最大限度地实现资源的利用与共享。

(6)开放性与兼容性

信息相互交流的即时性、流通性对于工业控制系统而言，要求越来越高，系统整体性能更重要，人们更加注重PLC和周边设备的配合，用户对开放性要求强烈。系统不开放和不兼容会令用户难以充分利用自动化技术，给系统集成、系统升级和信息管理带来困难和附加成本。PLC的品质既要看其内在技术是否先进，还需考察其符合国际标准化的程度和水平。标准化既可保证产品质量,也将保证各厂家产品之间的兼容性、开放性。程软件统一、系统集成接口统一、网络和通信协议统一是 PLC 的开放性主要体现。目前,总线技术和以太网技术的协议是公开的,它为支持各种协议的 PLC 开放,提供了良好的条件。国际标准化组织提出的开放系统互联参考模型 0 钮,通信协议的标准化使各制造厂商的产品相互通信,促进 PLC 在开放功能上有较大发展。PLC 的开放性涉及通信协议、可靠性、技术保密性、厂家商业利益等众多问题,PLC 的完全开放还有很长的路要走。PLC 的开放性会使其更好地与其他控制系统集成,这是 PLC 未来的主要发展方向之一。

系统开放可使第三方软件在符合开放系统互联标准的 PLC 上得到移植;采用标准化的软件可大幅缩短系统开发时间,提高系统的可靠性。软件的发展也表现在通信软件的应用上,近年推出的 PLC 都具有开放系统互联和通信的功能。标准编程方法将会使软件更容易操作和学习,软件开发工具和支持软件也相应地得到更广泛地应用。维护软件功能的增强,降低了维护人员的技能要求,减少了培训费用。面向对象的控件和 OCP 技术等高新技术被广泛应用于软件产品中。PLC 已经开始采用标准化的软件系统,高级语言程也正逐步形成,为进一步的软件开发打下了基础。

(7)集成安全技术应用

集成安全基本原理是能够感知非正常工作状态并采取动作。安全集成系统与 PLC 标准控制系统共存,它们共享一个数据网络,安全集成系统的逻辑在 PLC 和智能驱动器硬件上运行。安全控制系统包括安全输入设备,例如急停按钮、安全门限位开关或连锁开关、安全光栅或光幕、双手控制按钮;安全控制电气元件,例如安全继电器、安全 PLC、安全总线;安全输出控制,例如主回路中的接触器、继电器、阀等。

PLC 控制系统的安全性也越来越得到重视,安全 PLC 控制系统就是专门为条件苛刻的任务或安全应用而设计的。安全 PLC 控制系统在其失效时不会对人员或过程安全带来危险。安全技术集成到伺服驱动系统中,便可以提供最短反应时间,设定的安全相关数据在两个独立微处理器的通道中被传输和处理。如果发现某个通道中有监视参数存在误差时,驱动系统就会进入安全模式。PLC 控制系统的安全技术要求系统具有自诊断能力,可以监测硬件状态、程序执行状态和操作系统状态,保护安全 PLC 不受来自外界的干扰。

在 PLC 安全技术方面,各厂商在不断研发和推出安全 PLC 产品,例如在标准工 10 组中加上内嵌安全功能的 I/O 模块,通过程组态来实现安全控制,从而构成了全集成的安全系统。这种基于 Ethernet Power Link 的安全系统是一种集成的模块化的安全技术,成为可靠、高效的生产过程的安全保障。

由于安全集成系统与控制系统共享一条数据总线或者一些硬件,系统的数据传输和处理速度可以大幅度提高,同时还节省了大量布线、安装、试运行及维护成本可以预见,安全 PLC 技术将会广泛应用于汽车、机床、机械、船舶、石化、电厂等领域。

# 第二节　软 PLC 技术

软 PLC 技术是目前国际工业自动化领域逐渐兴起的一项基于 PC 的新型控制技术。与传统硬 PLC 相比,软 PLC 具有更强的数据处理能力和强大的网络通信能力并具有开放的体系结构。目前,传统硬 PLC 控制系统已广泛应用于机械制造、工程机械、农林机械、矿山、冶金、石油化工、交通运输、海洋作业、军事器械以及航空航天和原子能等技术领域。但是,随着近几年计算机技术、通信和网络技术、微处理器技术、人机界面技术等迅速发展,工业自动化领域对开放式控制器和开放式控制系统的需求更加迫切,硬件和软件体系结构封闭的传统硬 PLC 遇到了严峻的挑战。

## 一、软 PLC 技术产生的背景

长期以来,计算机控制和传统 PLC 控制一直是工业控制领域的两种主要控制方法。PLC 自 1969 年问世以来，以其功能强、可靠性高、使用方便、体积小等优点在工业自动化领域得到迅速推广，成为工业自动化领域中极具竞争力的控制工具。

近年来，工业自动化控制系统的规模不断扩大，控制结构更趋分散化和复杂化，需要更多的用户接口。同时，企业整合和开放式体系的发展要求自动控制系统应具有强大的网络通信能力，使企业能及时地了解生产过程中的诸多信息，灵活选择解决方案，配置硬件和软件，并能根据市场行情，及时调整生产。此外，为了扩大控制系统的功能，许多新型传感器被加装到控制单元上，但这些传感器通常都很难与传统 PLC 连接，且传统 PLC 价格较贵。因此，改革现有的 PLC 控制技术，发展新型 PLC 控制技术已成为当前工业自动化控制领域迫切需要解决的技术难题。

计算机控制技术能够提供标准的开发平台、高端应用软件、标准的高级程语言及友好的图形界面。因此，人们在综合计算机和 PLC 控制技术优点的基础上，逐步提出并开发了一种基于 PLC 的新型控制技术——软 PLC 控制技术。

## 二、软 PLC 技术简介

随着计算机技术和通信技术的发展，采用高性能微处理器作为其控制核心，基于平台的技术得到迅速的发展和广泛地应用，基于的技术既具有传统在功能、可靠性、速度、故障查找方面的特点，又具有高速运算、丰富的编程语言、方便的网络连接等优势。

基于 PC 的 PLC 技术是以 PC 的硬件技术、网络通信技术为基础，采用标准的 PC 开发语言进行开发，同时通过其内置的驱动引擎提供标准的 PLC 软件接口，使用符合 IEC61131－3 标准的工业开发界面及逻辑块图等软逻辑开发技术进行开发。通过 PC Based PLC 的驱动引擎接口，一种 PC Based PLC 可以使用多种软件开发，一种开发软件也可用于多种 PC Based PLC 硬件。工程设计人员可以利用不同厂商的 PC Based PLC 组成功能强大的混合控制系统，然后统一使用一种标准的开发界面，用熟悉的编程语言制程序，以充分享受标准平台带来的益处，实现不同硬件之间软件的无缝移植，与其他 PLC 或计算机网络的通信方式可以采用通用的通信协议和低成本的以太网接口。

目前，利用 PC Based PLC 设计的控制系统已成为最受欢迎的工业控制方案，PLC 与计算机已相互渗透和结合，不仅是 PLC 与 PLC 的兼容，而且是 PLC 与计算机的兼容使之可以充分利用 PC 现有的软件资源。而且 IEC61131－3 作为统一的工业控制程标准已逐步网络化，不仅能与控制功能和信息管理功能融为一体，并能与工业控制计算机、集散控制系统等进一步的渗透和结合，实现大规模系统的综合性自动控制。

## 三、软 PLC 工作原理

软 PLC 是一种基于 PC 的新型工业控制软件，它不仅具有硬 PLC 在功能、可靠性、速度、故障查找等方面的优点，而且有效地利用了 PC 的各种技术，具有高速处理数据和强大的网络通信能力。

利用软逻辑技术，可以自由配置 PLC 的软、硬件，使用用户熟悉的程语言写程序，可以将标准的工业 PC 转换成全功能的 PLC 型过程控制器。软 PLC 技术综合了计算机和 PLC 的开关量控制、模拟量控制、数学运算、数值处理、网络通信、PID 调节等功能，通过一个多任务控制内核，提供强大的指令集、快速而准确的扫描周期、可靠的操作和可连接各种 I/O 系统及网络的开放式结构。它遵循 IEC61131－3 标准，支持五种编程语言①结构化文本，②指令表语言，③梯形图语言，④功能块图语言，⑤顺序功能图语言，SFC；以及它们之间的相互转化。

## 四、软 PLC 系统组成

### (一)系统硬件

软 PLC 系统良好的开放性能，其硬件平台较多，既有传统的 PLC 硬件，也有当前较流行的嵌入式芯片，对于在网络环境下的 PC 或者 DCS 系统更是软 PLC 系统的优良硬件平台。

（二）开发系统

符合 IEC61131－3 标准开发系统提供一个标准 PLC 辑器，并将五种语言译成目标代码经过连接后下载到硬件系统中，同时应具有对应用程序的调试和与第三方程序通信的功能，开发系统主要具有以下功能：

①开放的控制算法接口，支持用户自定义的控制算法模块；

②仿真运行实时在线监控，可以方便地进行译和修改程序；

③支持数据结构，支持多种控制算法，如 PID 控制、模糊控制等；

④程语言标准化，它遵循 IEC61131－3 标准，支持多种语言程，并且各种程语言之间可以相互转换；

⑤拥有强大的网络通信功能，支持基于 TCP/IP 网络，可以通过网络浏览器来对现场进行监控和操作。

（三）运行系统

软 PLC 的运行系统，是针对不同的硬件平台开发出的 IEC61131－3 的虚拟机，完成对目标代码的解释和执行。对于不同的硬件平台，运行系统还必须支持与开发系统的通信和相应的 I/O 模块的通信。这一部分是软 PLC 的核心，完成输入处理、程序执行、输出处理等工作。通常由 I/O 接口、通信接口、系统管理器、错误管理器、调试内核和译器组成：

①I/O 接口：与 I/O 系统通信，包括本地 I/O 系统和远程 I/O 系统，远程 I/O 主要通过现场总线 Inter Bus、Profi Bus、CAN 等实现；

②通信接口：使运行系统可以和程系统软件按照各种协议进行通信；

③系统管理器：处理不同任务、协调程序的执行，从 I/O 映像读写变量；

④错误管理器：检测和处理错误。

## 五、软 PLC 技术的发展

随着工业控制系统规模的不断扩大，控制结构日趋分散化和复杂化，需要 PLC 具有更多的用户接口、更强大的网络通信能力、更好的灵活性。近年来，随着 IEC61131－3 标准的推广，使得 PLC 呈现出 PC 化和软件化趋势。相对于传统 PLC，软 PLC 技术以其开放性、灵活性和低成本占有很大优势。

软 PLC 按照 IEC61131－3 标准，打破以往各个 PLC 厂家互不兼容的局限性，可充分利用工业控制计算机（IPC）或嵌入式计算机（EPC）的硬、软件资源，用软件来实现传统 PLC 的功能，使系统从封闭走向开放。软 PLC 技术提供 PLC 的相同功能，却具备了 PC 的各种优点。

软 PLC 具有高速数据处理能力和强大网络功能，可以简化自动化系统的体系结构，把控制、数据采集、通信、人机界面及特定应用，集成到一个统一开放系统平台上，采用开放的总线网络协议标准，满足未来控制系统开放性和柔性的要求。

基于 PC 的软 PLC 系统简化了系统的网络结构和设备设计，简化了复杂的通信接口，提高了系统的通信效率，降低了硬件投资，易于调试和维护。通过 OPC 技术能够方便地与第三方控制产品建立通信，便于与其他控制产品集成。随着技术的发展，相信软 PLC 会逐渐走向成熟。

## 第三节　PLC 控制系统的安装与调试

### 一、PLC 使用的工作环境要求

任何设备的正常运行都需要一定的外部环境，PLC 对使用环境有特定的要求。PLC 在安装调试过程中应注意以下几点：

第一，温度：PLC 对现场环境温度有一定要求。一般水平安装方式要求环境温度 0—60℃，垂直安装方式要求环境温度为 0—40℃，空气的相对湿度应小于 85%（无凝露）。为了保证合适的温度、湿度，在 PLC 设计、安装时，必须考虑如下事项：

（1）电气控制柜的设计。柜体应该有足够的散热空间。柜体设计应该考虑空气对流的散热孔，对发热厉害的电气元件，应该考虑设计散热风扇。（2）安装注意事项。PLC 安装时，不能放在发热量大的元器件附近，要避免阳光直射以及防水防潮;同时,要避免环境温度变化过大,以免内部形成凝露。

第二,振动:PLC 应远离强烈的振动源,防止 10—55Hz 的振动频率频繁或连续振动。火电厂大型电气设备中,如送风机、一次风机、引风机、电动给水泵、磨煤机等,工作时产生较大的振动,因此 PLC 应远离以上设备。当使用环境不可避免振动时,必须采取减振措施,如采用减振胶等。

第三,空气:避免有腐蚀和易燃的气体,例如氯化氢、硫化氢等。对于空气中有较多粉尘或腐蚀性气体的环境,可将 PLC 安装在封闭性较好的控制室或控制柜中,并安装空气净化装置。

第四,电源:PLC 供电电源为 50Hz、220(1±10%)V 的交流电。对于电源线来的干扰,PLC 本身具有足够的抵制能力。对于可靠性要求很高的场合或电源干扰特别严重的环境,可以安装一台带屏蔽层的变比为 1:1 的隔离变压器,以减少设备与地之间的干扰。

## 二、PLC 自动控制系统调试

调试工作是检查 PLC 控制系统能否满足控制要求的关键工作,是对系统性能的一次客观、综合的评价。系统投用前必须经过全系统功能的严格调试,直到满足要求并经有关用户代表、监理和设计等签字确认后才能交付使用。调试人员应受过系统的专门培训,对控制系统的构成、硬件和软件的使用和操作都比较熟悉。调试人员在调试时发现的问题,都应及时联系有关设计人员,在设计人员同意后方可进行修改,修改需做详细的记录,修改后的软件要进行备份。并对调试修改部分做好文档的整理和归档。调试内容主要包括输入输出功能、控制逻辑功能、通信功能、处理器性能测试等。

### (一)调试方法

PLC 实现的自动控制系统,其控制功能基本是通过设计软件来实现。这种软件是利用 PLC 厂商提供的指令系统,根据机械设备的工艺流程来设计的。这些指令基本不能直接操作计算机的硬件。程序设计者不能直接操作计算机的硬件，减少了软件设计的难度，使得系统的设计周期缩短。在实际调试过程中，有时出现这样的情况：一个软件系统从理论上推敲能完全符合机械设备的工艺要求，而在运行过程中无论如何也不能投入正常运转。在系统调试过程中，如果出现软件设计达不到机械设备的工艺要求，除考虑软件设计的方法外，还可从以下几个方面寻求解决的途径。

1. 输入输出回路调试

(1)模拟量输入(AI)回路调试。要仔细核对 I/O 模块的地址分配；检查回路供电方式(内供电或外供电)是否与现场仪表相一致；用信号发生器在现场端对每个通道加入信号，通常取 0、50%和 100%三点进行检查。对有报警、连锁值的 AI 回路，还要在报警连锁值(如高报、低报和连锁点以及精度)进行检查，确认有关报警、连锁状态的正确性。

(2)模拟量输出(AO)回路调试。可根据回路控制的要求，用手动输出(即直接在控制系统中设定)的办法检查执行机构(如阀门开度等)，通常也取 0、50%和 100%三点进行检查；同时通过闭环控制，检查输出是否满足有关要求。对有报警、连锁值的 AO 回路，还要在报警连锁值(如高报、低报和连锁点以及精度)进行检查，确认有关报警、连锁状态的正确性。

(3)开关量输入(DI)回路调试。在相应的现场端短接或断开，检查开关量输入模块对应通道地址的发光二极管的变化，同时检查通道的通、断变化。

(4)开关量输出(DO)回路调试。可通过 PLC 系统提供的强制功能对输出点进行检查。通过强制，检查开关量输出模块对应通道地址的发光二极管的变化，同时检查通道的通、断变化。

2. 回路调试注意事项

(1)对开关量输入输出回路，要注意保持状态的一致性原则，通常采用正逻辑原则，即当输入输出带电时，为“ON”状态，数据值为“1”；反之，当输入输出失电时，为“OFF”状态，数据值为“0”。这样，便于理解和维护。

（2）对负载大的开关量输入输出模块应通过继电器与现场隔离，即现场接点尽量不要直接与输入输出模块连接。

（3）使用PLC提供的强制功能时，要注意在测试完毕后，应还原状态；在同一时间内，不应对过多的点进行强制操作，以免损坏模块。

3.控制逻辑功能调试

控制逻辑功能调试，须会同设计、工艺代表和项目管理人员共同完成。要应用处理器的测试功能设定输入条件，根据处理器逻辑检查输出状态的变化是否正确，以确认系统的控制逻辑功能。对所有的连锁回路，应模拟连锁的工艺条件，仔细检查连锁动作的正确性，并做好调试记录和会签确认。

检查工作是对设计控制程序软件进行验收的过程，是调试过程中最复杂、技术要求最高、难度最大的一项工作。特别在有专利技术应用、专用软件等情况下，更加要仔细检查其控制的正确性，应留有一定的操作余度，同时保证工艺操作的正常运作以及系统的安全性、可靠性和灵活性。

4.处理器性能测试

处理器性能测试要按照系统说明书的要求进行，确保系统具有说明书描述的功能且稳定可靠，包括系统通信、备用电池和其他特殊模块的检查。对有冗余配置的系统必须进行冗余测试。即对冗余设计的部分进行全面的检查，包括电源冗余、处理器冗余、I/O冗余和通信冗余等。

（1）电源冗余。切断其中一路电源，系统应能继续正常运行，系统无扰动；被断电的电源加电后能恢复正常。

（2）处理器冗余。切断主处理器电源或切换主处理器的运行开关，热备处理器应能自动成为主处理器，系统运行正常，输出无扰动；被断电的处理器加电后能恢复正常并处于备用状态。

（3）I/O冗余。选择互为冗余、地址对应的输入和输出点，输入模块施加相同的输入信号，输出模块连接状态指示仪表。分别通断（或热插拔，如果允许）冗余输入模块和输出模块，检查其状态是否能保持不变。

（4）通信冗余。可通过切断其中一个通信模块的电源或断开一条网络，检查系统能否正常通信和运行；复位后，相应的模块状态应自动恢复正常。

冗余测试，要根据设计要求，对一切有冗余设计的模块都进行冗余检查。此外，对系统功能的检查包括系统自检、文件查找、文件译和下载、维护信息、备份等功能。对较为复杂的PLC系统，系统功能检查还包括逻辑图组态、回路组态和特殊I/O功能等内容。

（二）调试内容

1. 扫描周期和响应时间

用PC设计一个控制系统时，一个最重要的参数就是时间。PC执行程序中的所有指令要用多少时间（扫描时间）？有一个输入信号经过PC多长时间后才能有一个输出信号（响应时间）？掌握这些参数，对设计和调试控制系统无疑非常重要。

当PC开始运行之后，它串行地执行存储器中的程序。我们可以把扫描时间分为4个部分：①共同部分，例如清除时间监视器和检查程序存储器；②数据输入、输出；③执行指令；④执行外围设备指令。

时间监视器是PC内部用来测量扫描时间的一个定时器。所谓扫描时间，是执行上面4个部分总共花费的时间。扫描时间的多少取决于系统的购置、I/O的点数、程序中使用的指令及外围设备的连接。当一个系统的硬件设计定型后，扫描时间主要取决：于软件指令的长短。

从PC收到一个输入信号到向输出端输出一个控制信号所需的时间，叫响应时间。响应时间是可变的，例如在一个扫描周期结束时，收到一个输入信号，下一个扫描周期一开始，这个输入信号就起作用了。这时，这个输入信号的响应时间最短，它是输入延迟时间、扫描周期时间、输出延迟时间三者的和。如果在扫描周期开始收到了一个输入信号，在扫描周期内该输入信号不会起作用,只能等到下一个扫描周期才能起作用。这时,这个输入信号的响应时间最长,它是输入延迟时间、两个扫描周期的时间、输出延迟时间三者的和。因此,一个信号的最小响应时间和最大响应时间的估算公式为:最小的响应时间:输入延迟时间+扫描时间+输出延迟时间,最大的响应时间二延迟时间+2x扫描时间+输出延迟时间。

从上面的响应时间估算公式可以看出,输入信号的响应时间由扫描周期决定。扫描周期一方面取决于系统的硬件配置,另一方面由控制软件中使用的指令和指令的条数决定。在砌块成型机自动控制系统调试过程中发生这样的情况:自动推板过程(把砌块从成型台上送到输送机上的过程)的启动,要靠成型工艺过程的完成信号来启动,输送砖坯的过程完成同时也是送板的过程完成,通知控制系统可以完成下一个成型过程。

单从程序的执行顺序上考察,控制时序的安排是正确的。可是,在调试的过程中发现,系统实际的控制时序是,当第一个成型过程完成后,并不进行自动推板过程,而是直接开始下一个成型过程。遇到这种情况,设计者和用户的第一反应一般都是怀疑程序设计错误。经反复检查程序,并未发现错误,这时才考虑到可能是指令的响应时间产生了问题。砌块成型机的控制系统是一个庞大的系统,其软件控制指令达五六百条。分析上面的梯形图,成型过程的启动信号置位,成型过程开始记忆,控制开始下一个成型过程。而下一个成型过程启动信号,由上一个成型过程的结束信号和有板信号产生。这时,就将产生这样的情况,在某个扫描周期内扫描到HR002信号,在执行置位推板记忆时,该信号没有响应,启动了成型过程。系统实际运行的情况是,时而工作过程正常,时而当上一个成型过程结束时不进行推板过程,直接进行下一个成型过程,这可能是由于输入信号的响应时间过长引起的。在这种情况下,由于硬件配置不能改变,指令条数也不可改变。处理过程中,设法在软件上做调整,使成型过程结束信号早点发出,问题得到了解决。

2. 软件复位

在 PLC 程序设计中使用最平常的一种是称为保持继电器的内部继电器。PLC 的保持继电器从 HR000 到 HR915，共 10×16 个。另一种是定时器或计数器从 TIM00 到 TIM47(CNT00 到 CNT47)共 48 个(不同型号的 PLC 保持继电器，定时器的点数不同)。其中，保持继电器实现的是记忆的功能，记忆着机械系统的运转状况、控制系统运转的正常时序。在时序的控制上，为实现控制的安全性、及时性、准确性，通常采用当一个机械动作完成时，其控制信号(由保持继电器产生)用来终止上一个机械动作的同时，启动下一个机械动作的控制方法。考虑到非法停机时保持继电器和时间继电器不能正常被复位的情况，在开机前，如果不强制使保持继电器复位，将会产生机械设备的误动作。系统设计时，通常采用的方法是设置硬件复位按钮，需要的时候，能够使保持继电器、定时器、计数器、高速计数器强制复位。在控制系统的调试中发现，如果使用保持继电器、定时器、计数器、高速计数器次数过多，硬件复位的功能很多时候会不起作用，也就是说，硬件复位的方法有时不能准确、及时地使 PLC 的内部继电器、定时器、计数器复位，从而导致控制系统不能正常运转。为了确保系统的正常运转，在调试过程中，人为地设置软件复位信号作为内部信号，可确保保持继电器有效复位，使系统在任何情况下均正常运转。

3. 硬件电路

PLC 的组成的控制系统硬件电路当一个两线式传感器，例如光电开关、接近开关或限位开关等，作为输入信号装置被接到 PLC 的输入端时，漏电流可能会导致输入信号为 ON。在系统调试中，如果偶尔产生误动作，有可能是漏电流产生的错误信号引起的。为了防止这种情况发生，在设计硬件电路时，可在输入端接一个并联电阻。其中，不同型号的 PLC 漏电流值可查阅厂商提供的产品手册。在硬件电路上做这样的处理，可有效地避免由于漏电流产生的误动作。

## 三、PLC 控制系统程序调试

PLC 控制系统程序调试一般包括 I/O 端子测试和系统调试两部分内容,良好调试步骤有利于加速总装调试过程。

### (一)I/O 端子测试

用手动开关暂时代替现场输入信号,以手动方式逐一对 PLC 输入端子进行检查、验证,PLC 输入端子指示灯点亮,表示正常;反之,应检查接线是 I/O 点坏。

我们可以写一个小程序,输出电源良好情况下,检查所有 PLC 输出端子指示灯是否全亮。PLC 输入端子指示灯点亮,表示正常;反之,应检查接线是 I/O 点坏。

### (二)系统调试

系统调试应首先按控制要求将电源、外部电路与输入输出端连接好,然后装载程序于 PLC 中,运行 PLC 进行调试。将 PLC 与现场设备连接。正式调试前全面检查整个 PLC 控制系统,包括电源、接线、设备连接线、I/O 连线等。保证整个硬件连接在正确无误情况下即可送电。

把 PLC 控制单元工作方式设置为“RUN”开始运行。反复调试消除可能出现各种问题。调试过程中也可以根据实际需求对硬件做适当修改以配合软件调试。应保持足够长的运行时间使问题充分暴露并加以纠正。调试中多数是控制程序问题,一般分以下几步进行:对每一个现场信号和控制量做单独测试;检查硬件/修改程序;对现场信号和控制量做综合测试;带设备调试;调试结束。

## 四、PLC 控制系统安装调试步骤

合理安排系统安装与调试程序,是确保高效优质地完成安装与调试任务的关键。经过现场检验并进一步修改后的步骤如下。

### (一)前期技术准备

系统安装调试前的技术工作准备是否充分对安装与调试的顺利与否

起着至关重要的作用。前期技术准备工作包括以下几个内容：

①熟悉 PC 随机技术资料、原文资料，深入理解其性能、功能及各种操作要求，制订操作规程。

②深入了解设计资料，对系统工艺流程，特别是工艺对各生产设备的控制要求要吃透，做到这两点，才能按照子系统绘制工艺流程连锁图、系统功能图、系统运行逻辑框图，这将有助于系统运行逻辑的深刻理解，是前期技术准备的重要环节。

③熟悉掌握各工艺设备的性能、设计与安装情况，特别是各设备的控制与动力接线图，将图纸与实物相对照，以便于及时发现错误并快速纠正。

④在吃透设计方案与 PC 技术资料的基础上，列出 PC 输入输出点号表(包括内部线圈一览表，I/O 所在位置，对应设备及各 I/O 点功能)。

⑤研读设计提供的程序，将逻辑复杂的部分输入、输出点绘制成时序图，在绘制时序图时会发现一些设计中的逻辑错误，这样方便及时调整并改正。

⑥对分子系统制调试方案，然后在集体讨论的基础上将子系统调试方案综合起来，成为全系统调试方案。

(二)PLC 商检

商检应由甲乙双方共同进行，应确认设备及备品、备件、技术资料、附件等的型号、数量、规格，其性能是否完好待试验现场调试时验证。商检结果，双方应签署交换清单。

(三)实验室调试

①PLC 的实验室安装与开通制作金属支架，将各工作站的输入输出模块固定其上，按安装提要将各站与主机、程器、打印机等相连接起来，并检查接线是否正确，在确定供电电源等级与 PLC 电压选择相符合后，按开机程序送电，装入系统配置带，确认系统配置，装入程器装载带、程带等，按照操作规则将系统开通，此时即可进行各项试验的操作。

②键入工作程序：在程序上输入工作程序。

③模拟 I/O 输入、输出，检查修改程序。本步骤的目的在于验证输入的工作程序是否正确，该程序的逻辑所表达的工艺设备的连锁关系是否与设计的工艺控制要求相符合，程序在运行过程中是否畅通。若不相符或不能运行完成全过程，说明程序有错误，应及时进行修改。在这一过程中，对程序的理解将会进一步加深，为现场调试做好充足的准备，同时也可以发现程序不合理和不完善的部分，以便于进一步优化与完善。

调试方法有两种：

第一，模拟方法：按设计做一块调试版，以钮子开关模拟输入节点，以小型继电器模拟生产工艺设备的继电器与接触器，其辅助接点模拟设备运行时的返回信号节点。其优点是具有模拟的真实性，可以反映出开关速度差异很大的现场机械触点和 PLC 内的电子触点相互连接时，是否会发生逻辑误动作。其缺点是需要增加调试费用和部分调试工作量。

第二，强置方法：利用 PLC 强置功能，对程序中涉及现场的机械触点(开关)，以强置的方法使其“通”“断”，迫使程序运行。其优点是调试工作量小，简便，无须另外增加费用。缺点是逻辑验证不全面，人工强置模拟现场节点“通”“断”，会造成程序运行不能连续，只能分段进行。

根据我们现场调试的经验，对部分重要的现场节点采取模拟方式，其余的采用强置方式，取二者之长互补。

逻辑验证阶段要强调逐日填写调试工作日志，内容包括调试人员、时间、调试内容、修改记录、故障及处理、交接验收签字，以建立调试工作责任制，留下调试的第一手资料。

对于设计程序的修改部分，应在设计图上注明，及时征求设计者的意见，力求准确体现设计要求。

### (四)PLC 的现场安装与检查

实验室调试完成后，待条件成熟，将设备移至现场安装。安装时应符合要求，插件插入牢靠，并用螺栓紧固；通信电缆要统一型号，不能混用，必要时要用仪器检查线路信号衰减量，其衰减值不超过技术资料提出的指标；测量主机、I/O 柜、连接电缆等的对地绝缘电阻；测量系统专用接地的接地电阻；检查供电电源；等等，并做好记录，待确认所有各项均符合要求后，才可通电开机。

（五）现场工艺设备接线、I/O接点及信号的检查与调整

对现场各工艺设备的控制回路、主回路接线的正确性进行检查并确认，在手动方式下进行单体试车；对进行PLC系统的全部输入点（包括转换开关、按钮、继电器与接触器触点，限位开关、仪表的位式调节开关等）及其与PLC输入模块的连线进行检查并反复操作，确认其正确性；对接收PLC输出的全部继电器、接触器线圈及其他执行元件及它们与输出模块的连线进行检查，确认其正确性；测量并记录其回路电阻，对地绝缘电阻，必要时应按输出节点的电源电压等级，向输出回路供电，以确保输出回路未短路；否则，当输出点向输出回路送电时，会因短路而烧坏模块。

一般来说，大中型PLC如果装上模拟输入输出模块，还可以接收和输出模拟量。在这种情况下，要对向PLC输送模拟输入信号的一次检测或变送元件，以及接收PLC模拟输出信号的调节或执行装置进行检查，确认其正确性。必要时，还应向检测与变送装置送入模拟输入量，以检验其安装的正确性及输出的模拟量是否正确并是否符合PLC所要求的标准；向接收PLC模拟输出信号调节或执行元件，送入与PLC模拟量相同的模拟信号，检查调节可执行装置能否正常工作。装上模拟输入与输出模块的PLC，可以对生产过程中的工艺参数（模拟量）进行监测，按设计方案预定的模型进行运算与调节，实行生产工艺流程的过程控制。

本步骤至关重要，检查与调整过程复杂且麻烦，必须认真对待。因为只要所有外部工艺设备完好，所有送入PLC的外部节点正确、可靠、稳定，所有线路连接无误，加上程序逻辑验证无误，则进入联动调试时，就能一举成功，收到事半功倍的效果。

（六）系统模拟联动空投试验

本步骤的试验目的是将经过实验室调试的PLC机及逻辑程序，放到实际工艺流程中，通过现场工艺设备的输入、输出节点及连接线路进行系统运行的逻辑验证。

试验时，将 PLC 控制的工艺设备（主要指电力拖动设备）主回路断开二相仅保留作为继电控制电源的一相，使其在送电时不会转动。按设计要求对子系统的不同运转方式及其他控制功能，逐项进行系统模拟实验，先确认各转换开关、工作方式选择开关，其他预置开关的正确位置，然后通过 PLC 启动系统，按联锁顺序观察并记录 PLC 各输出节点所对应的继电器、接触器的吸合与断开情况，以及其顺序、时间间隔、信号指示等是否与设计的工艺流程逻辑控制要求相符，观察并记录其他装置的工作情况。对模拟联动空投试验中不能动作的执行机构，料位开关、限位开关、仪表的开关量与模拟量输入、输出节点，与其他子系统的连锁等，视具体情况采用手动辅助、外部输入、机内强置等手段加以模拟，以协助 PLC 指挥整个系统按设计的逻辑控制要求运行。

（七）PLC 控制的单体试车

本步骤试验的目的是确认 PCL 输出回路能否驱动继电器、接触器的正常接通，而使设备运转，并检查运转后的设备，其返回信号是否能正确送入 PLC 输入回路，限位开关能否正常动作。

其方法是，在 PLC 控制下，机内设置对应某一工艺设备（电动机、执行机构等）的输出节点，使其继电器、接触器动作，设备运转。这时应观察并记录设备运输情况，检查设备运转返回信号及限位开关、执行机构的动作是否正确无误。

试验时应特别注意，被强置的设备应悬挂运转危险指示牌，设专人值守。待机旁值守人员发出启动指令后，PLC 操作人员才能强置设备启动。应当特别重视的是，在整个调试过程中，没有充分的准备，绝不允许采用强置方法启动设备，以确保安全。

（八）PLC 控制下的系统无负荷联动试运转

本步骤的试验目的是确认经过单体无负荷试运行的工艺设备与经过系统模拟试运行证明逻辑无误的 PLC 连接后，能否按工艺要求正确运行，信号系统是否正确，检验各外部节点的可靠性、稳定性。试验前，要制定系统无负荷联动试车方案，讨论确认后严格按方案执行。试验时，先分子系统联动,子系统的连锁用人工辅助(节点短接或强置),然后进行全系统联动,试验内容应包括设计要求的各种起停和运转方式、事故状态与非常状态下的停车、各种信号等。总之,应尽可能地充分设想,使之更符合现场实际情况。事故状态可用强置方法模拟,事故点的设置要根据工艺要求确定。

在联动负荷试车前,一定要再对全系统进行一次全面检查,并对操作人员进行培训,确保系统联动负荷试车一次成功。

## 第四节 PLC 的通信及网络

### 一、PLC 通信概述

#### (一)PLC 通信介质

通信介质就是在通信系统中位于发送端与接收端之间的物理通路。通信介质一般可分为导向性和非导向性介质两种。导向性介质有双绞线、同轴电缆和光纤等,这种介质将引导信号的传播方向;非导向性介质一般通过空气传播信号,它不为信号引导传播方向,如短波、微波和红外线通信等。

1. 双绞线

双绞线是计算机网络中最常用的一种传输介质,一般包含 4 个双绞线对,两根线连接在一起是为了防止其电磁感应在邻近线对中产生干扰信号。双绞线分为屏蔽双绞线 STP 和非屏蔽双绞线 UTP,非屏蔽双绞线有线缆外皮作为屏蔽层,适用于网络流量不大的场合中。屏蔽式双绞线具有一个金属甲套,对电磁干扰 EMI(Electro Magnetic Interference)具有较非常弱的抵抗能力,比较适用于网络流量较大的高速网络协议应用。

双绞线由两根具有绝缘保护层的 22 号、26 号绝缘铜导线相互缠绕而成。把两根绝缘的铜导线按一定密度互相绞在一起,这种方法可以降低信号的干扰。每一组导线在传输中辐射的电波会相互抵消,以此降低电波对外界的干扰。把一对或多对双绞线放在一个绝缘套管中便成了双绞线电缆。在双绞线电缆内,不同线对有不同的扭绞长度,一般地说,扭绞长度在 1—14cm 内并按逆时针方向扭绞,相邻线对的扭绞长度在 12.7cm 以上。与其他传输介质相比,双绞线在传输距离、信道宽度和数据传输速度等方面均受到一定限制,但价格较为低廉。

在双绞线上传输的信号可以分为共模信号和差模信号,在双绞线上传输的语音信号和数据信号都属于差模信号的形式,而外界的干扰,例如线对间的串扰、线缆周围的脉冲噪声或者附近广播的无线电电磁干扰等属于共模信号。在双绞线接收端,变压器及差分放大器会将共模信号消除掉,而双绞线的差分电压会被当作有用信号进行处理。

作为最常用的传输介质,双绞线具有以下特点:

(1)能够有效抑制串扰噪声。和早期用来传输电报信号的金属线路相比,双绞线的共模抑制机制,在各个线对之间采用不同的绞合度可以有效消除外界噪声的影响并抑制其他线对的串音干扰,双绞线低成本地提高了电缆的传输质量。

(2)双绞线易于部署。线缆表面材质为聚乙烯等塑料,具有良好的阻燃性和较轻的重量,而且内部的铜质电缆的弯曲度很好,可以在不影响通信性能的基础上做到较大幅度的弯曲。双绞线这种轻便的特征,使其便于部署。

(3)传输速率高且利用率高。目前广泛部署的五类线传输速度达到 100Mbps,并且还有相当潜力可以挖掘。在基于电话线的 DSL 技术中,电话线上可以同时进行语音信号和宽带数字信号的传输,互不影响,大大提高了线缆的利用率。

(4)价格低廉。目前双绞线线缆已经具有相当成熟的制作工艺,无论是同光纤线缆还是同轴电缆相比,双绞线都可以说是价格低廉且购买容易。因为双绞线的这种价格优势,它能够做到在不过多影响通信性能的前提下有效地降低综合布线工程的成本，这也是它被广泛应用的一个重要原因。

2. 同轴电缆

同轴电缆是局域网中最常见的传输介质之一。它是由相互绝缘的同轴心导体构成的电缆：内导体为铜线，外导体为铜管或铜网。圆筒式的外导体套在内导体外面，两个导体间用绝缘材料互相隔离，外层导体和中心铂芯线的圆心在同一个轴心上，同轴电缆因此而得名。同轴电缆之所以设计成这样，是为了将电磁场封闭在内外导体之间，减少辐射损耗，防止外界电磁波干扰信号的传输。常用于传送多路电话和电视。同轴电缆的组成。同轴电缆主要由四部分组成，包括铜导线、塑料绝缘层、织物屏蔽层、外套。同轴电缆以一根硬的铜线为中心，中心铜线又用一层柔韧的塑料绝缘体包裹。测抖绝缘体外面又有一层铜织物或分解箔片包裹着，这层纺织物或金属箔片相当于同韧电缆的第二根导线、最外面的是电缆的外套。同轴电缆用的接头叫作间制电缆接插头。

目前得到广泛应用的同轴电缆主要有 500 电缆和 750 电缆两类。500 电缆用于基带数字信号传输，又称基带同轴电缆。电缆中只有一个信道，数据信号采用曼彻斯特码方式，数据传输速率可达 10Mbps，这种电缆主要用于局域以太网。750 电缆是 CATV 系统使用的标准，它既可用于传输宽带模拟信号，也可用于传输数字信号。对于模拟信号而言，其工作频率可达 400MHz。若在这种电缆上使用频分复用技术，则可以使其同时具有大量的信道，每个信道都能传输模拟信号。

同轴电缆曾经广泛应用于局域网，它的主要优点如下与双绞线相比。它在长距离数据传输时所需要的中继器更少。它比非屏蔽双绞线较贵，但比光缆便宜。然而同轴电缆要求外导体层妥善接地，这加大了安装难度。正因如此，虽然它有独特的优点，现在也不再被广泛应用于以太网。

3. 光纤

光纤是一种传输光信号的传输媒介。光纤的结构：处于光纤最内层

的纤芯是一种横截面积很小、质地脆、易断裂的光导纤维，制造这种纤维的材料既可以是玻璃也可以是塑料。纤芯的外层裹有一个包层，它由折射率比纤芯小的材料制成。正是由于在纤芯与包层之间存在折射率的差异，光信号才得以通过全反射在纤芯中不断向前传播。在光纤的最外层则是起保护作用的外套。通常都是将多根光纤扎成束并裹以保护层制成多芯光缆。

从不同的角度考虑，光纤有多种分类方式。根据制作材料的不同，光纤可分为石英光纤、塑料光纤、玻璃光纤等；根据传输模式不同，光纤可分为多模光纤和单模光纤；根据纤芯折射率的分布不同，光纤可分为突变型光纤和渐变型光纤；根据工作波长的不同，光纤可分为短波长光纤、长波长光纤和超长波长光纤。

单模光纤的带宽最宽，多模渐变光纤次之，多模突变光纤的带宽最窄；单模光纤适于大容量远距离通信，多模渐变光纤适于中等容量中等距离的通信，而多模突变光纤只适于小容量的短距离通信。

在实际光纤传输系统中，还应配置与光纤配套的光源发生器件和光检测器件。目前最常见的光源发生器件是发光二极管(LED)和注入激光二极管(ILD)。光检测器件是在接收端能够将光信号转化成电信号的器件，目前使用的光检测器件有光电二极管(PIN)和雪崩光电二极管(APD)，光电二极管的价格较便宜，然而雪崩光电二极管却具有较高的灵敏度。

与一般的导向性通信介质相比，光纤具有以下优点：

(1)光纤支持很宽的带宽，其范围大约在 1014—1015Hz 之间，这个范围覆盖了红外线和可见光的频谱。

(2)具有很快的传输速率，当前限制其所能实现的传输速率的因素来自信号生成技术。

(3)光纤抗电磁干扰能力强，由于光纤中传输的是不受外界电磁干扰的光束，而光束本身又不向外辐射，因此它适用于长距离的信息传输及安全性要求较高的场合。

(4)光纤衰减较小,中继器的间距较大。采用光纤传输信号时,在较长距离内可以不设置信号放大设备,从而减少了整个系统中继器的数目。

## (二)PLC 数据通信方式

### 1. 并行通信与串行通信

数据通信主要有并行通信和串行通信两种方式:并行通信是以字节或字为单位的数据传输方式,除了 8 根或 16 根数据线、一根公共线外,还需要数据通信联络用的控制线。并行通信的传送速度非常快,但是由于传输线的根数多,导致成本高,一般用于近距离的数据传送。并行通信一般位于 PLC 的内部,如 PLC 内部元件之间、PLC 主机与扩展模块之间或近距离智能模块之间的数据通信。

串行通信是以二进制的位(bit)为单位的数据传输方式,每次只能够传送一位,除了地线外,在一个数据传输方向上只需要一根数据线,这根线既作为数据线又作为通信联络控制线,数据和联络信号在这根线上按位进行传送。串行通信需要的信号线很少,最少的只需要两三根线,比较适用于距离较远的场合。计算机和 PLC 都备有通用的串行通信接口,通常在工业控制中一般使用串行通信。串行通信多用于 PLC 与计算机之间、多台 PLC 之间的数据通信。

在串行通信中,传输速率常用比特率(每秒传送的二进制位数)来表示,其单位是比特/秒(bit/s)或 bps。传输速率是评价通信速度的重要指标。常用的标准传输速率有 300bps、600bps、1200bps、2400bps、4800bps、9600bps 和 19200bps 等。不同的串行通信的传输速率差别极大,有的只有数百 bps,有的可达 100Mbps。

### 2. 单工通信与双工通信

串行通信按信息在设备间的传送方向又分为单工、双工两种方式。

单工通信方式只能沿单一方向发送或接收数据。双工通信方式的信息可沿两个方向传送,每一个站既可以发送数据,也可以接收数据。

双工方式又分为全双工和半双工两种方式。数据的发送和接收分别由两根或两组不同的数据线传送，通信的双方都能在同一时刻接收和发送信息，这种传送方式称为全双工方式；用同一根线或同一组线接收和发送数据，通信的双方在同一时刻只能发送数据或接收数据，这种传送方式称为半双工方式。在PLC通信中常采用半双工和全双工通信。

3.异步通信与同步通信

在串行通信中，通信的速率与时钟脉冲有关，接收方和发送方的传送速率应相同，但是实际的发送速率与接收速率之间总是存在一些微小的差别，如果不采取一定的措施，在连续传送大量的信息时，将会因积累误差造成错位，使接收方收到错误的信息。为了解决这一问题，需要使发送和接收同步。按同步方式的不同，可将串行通信分为异步通信和同步通信。

异步通信的信息格式是发送的数据字符由一个起始位、7—8个数据位、1个奇偶校验位（可以没有）和停止位（1位、1.5位或2位）组成。通信双方需要对所采用的信息格式和数据的传输速率做相同的约定。接收方检测到停止位和起始位之间的下降沿后，将它作为接收的起始点，在每一位的中点接收信息。由于一个字符中包含的位数不多，即使发送方和接收方的收发频率略有不同，也不会因两台机器之间的时钟周期的误差积累而导致错位。异步通信传送附加的非有效信息较多，它的传输效率较低，一般用于低速通信，PLC一般使用异步通信。

同步通信以字节为单位（一个字节由8位二进制数组成），每次传送1—2个同步字符、若干个数据字节和校验字符。同步字符起联络作用，用它来通知接收方开始接收数据。在同步通信中，发送方和接收方要保持完全的同步，这意味着发送方和接收方应使用同一时钟脉冲。在近距离通信时，可以在传输线中设置一根时钟信号线。在远距离通信时，可以在数据流中提取出同步信号，使接收方得到与发送方完全相同的接收时钟信号。由于同步通信方式不需要在每个数据字符中加起始位、停止位和奇偶校验位，只需要在数据块（往往很长）之前加一两个同步字符，所以传输效率高,但是对硬件的要求较高,一般用于高速通信。

(三)数据通信形式

1. 基带传输

基带传输是按照数字信号原有的波形(以脉冲形式)在信道上直接传输的方式,它要求信道具有较宽的通频带。基带传输不需要调制解调,设备花费少,适用于较小范围的数据传输。基带传输时,通常要对数字信号进行一定的码,常用数据码方法包括非归零码 NRZ、曼彻斯特码和差动曼彻斯特码等。后两种码不含直流分量、包含时钟脉冲、便于双方自动同步,所以应用非常广泛。

2. 频带传输

频带传输是一种采用调制解调技术的传输方式。通常由发送端采用调制手段,对数字信号进行某种变换,将代表数据的二进制"1"和"0",转换成具有一定频带范围的模拟信号,以便于在模拟信道上传输;接收端通过解调手段进行相反变换,把模拟的调制信号复原为"1"和"O"。常用的调制方法有频率调制、振幅调制和相位调制。具有调制、解调功能的装置称为调制解调器,即 Modem。频带传输较复杂,传送距离较远,若通过市话系统配备 Modem,则传送距离将不会受到限制。

在 PLC 通信中,基带传输和频带传输两种传输形式都是常见的数据传输方式,但是大多采用基带传输。

(四)数据通信接口

1. RS232S 通信接口

RS－232C 是 RS－232 发展而来,至今在计算机和其他相关设备通信中得到广泛使用。当通信距离较近时,通信双方可以直接连接,在通信中不需要控制联络信号,只需要 3 根线,即发送线(TXD)、接收线(RXD)和信号地线(GND),便可以实现全双工异步串行通信。工作在单端驱动和单端接收电路。计算机通过 TXD 端子向 PLC 的 RXD 发送驱动数据,

PLC的TXD接收数据后返回到计算机的RXD数，由系统软件通过数据线传输数据；如PLC的设计程软件FXGP/WIN－C和PLC的STEP7－Micro/WIN32程软件等可方便实现系统控制通信。其工作方式简单，RXD为串行数据接收信号，TXD为串行数据发送信号，GND接地连接线。其工作方式是串行数据从计算机TXD输出，PLC的RXD端接收到串行数据同步脉冲，再由PLC的TXD端输出同步脉冲到计算机的RXD端，反复同时保持通信。从而实现全双工数据通信。

2. RS422A/RS485通信接口

RS－422A采用平衡驱动、差分接收电路，从根本上取消信号地线。平衡驱动器相当于两个单端驱动器，其输入信号相同，两个输出信号互为反相信号。外部输入的干扰信号是以共模方式出现的，两根传输线上的共模干扰信号相同，因此接收器差分输入，共模信号可以互相抵消。只要接收器有足够的抗共模干扰能力，就能从干扰信号中识别出驱动器输出的有用信号，从而克服外部干扰影响。在RS－422A工作模式下，数据通过4根导线传送，因此，RS－422A是全双工工作方式，在两个方向同时发送和接收数据。两对平衡差分信号线分别用于发送和接收。

RS－485是RS－422A的基础上发展而来的，RS－485许多规定与RS－422A相仿；RS－485为半双工通信方式，只有一对平衡差分信号线，不能同时发送和接收数据。使用RS－485通信接口和双绞线可以组成串行通信网络。工作在半双工的通信方式，数据可以在两个方向上传送，但是同一时刻只限于一个方向传送。计算机端发送PLC端接收，或者PLC端发送计算机端接收。

3. RS232C/RS422A(RS485)接口应用

(1)RS－232/232C，RS－232数据线接口简单方便，但是传输距离短，抗干扰能力差为了弥补RS－232的不足，改进发展成为RS－232C数据线，典型应用有：计算机与Modem的接口，计算机与显示器终端的接口，计算机与串行打印机的接口等。主要用于计算机之间通信，也可用于小型 PLC 与计算机之间通信。

(2)RS－422/422A，RS－422A 是 RS－422 的改进数据接口线，数据线的通信口为平衡驱动，差分接收电路，传输距离远，抗干扰能力强，数据传输速率高等，广泛用于小型 PLC 接口电路。如与计算机连接。小型控制系统中的可程序控制器除了使用程软件外，一般不需要与别的设备通信，可程控制器的程接口一般是 RS－422A 或 RS－485，用于与计算机之间的通信；而计算机的串行通信接口是 RS－232C，程软件与可程控制器交换信息时需要配接专用的带转接电路的程电缆或通信适配器。网络端口通信，如主站点与从站点之间，从站点与从站点之间的通信可采用 RS－485。

(3)RS－485 是在 RS－422A 基础上发展而来的；主要特点：①传输距离远，一般为 1200m，实际可达 3000m，可用于远距离通信。②数据传输速率高，可达 10Mbit/s；接口采用屏蔽双绞线传输。注意平衡双绞线的长度与传输速率成反比。③接口采用平衡驱动器和差分接收器的组合，抗共模干扰能力增强，即抗噪声干扰性能好。④RS－485 接口在总线上允许连接多达 128 个收发器，即具有多站网络能力。注意，如果 RS－485 的通信距离大于 20m 时，且出现通信干扰现象时，要考虑对终端匹配电阻的设置问题。RS－485 由于性能优越被广泛用于计算机与 PLC 数据通信，除普通接口通信外，还有如下功能：一是作为 PPI 接口，用于 PG 功能、HMI 功能 TD200OPS7－200 系列 CPU/CPU 通信。二是作为 MPI 从站，用于主站交换数据通信。三是作为中断功能的自由可程接口方式用于同其他外部设备进行串行数据交换等。

## 二、PLC 网络的拓扑结构及通信协议配置

### (一)控制系统模型简介

PLC 制造厂常用金字塔 PP(Productivity Pyramid)结构来描述它的产品所提供的功能表明 PLC 及其网络在工厂自动化系统中，由上到下，在各层都发挥着作用。这些金字塔的共同点是：上层负责生产管理，底层

负责现场控制与检测，中间层负责生产过程的监控及优化。

国际标准化组织(ISO)对企业自动化系统的建模进行了一系列的研究，提出了6级模型。它的第1级为检测与执行器驱动，第2级为设备控制，第3级为过程监控，第4级为车间在线作业管理，第5级为企业短期生产计划及业务管理，第6级为企业长期经营决策规划。

(二)PLC网络的拓扑结构

由于PLC各层对通信的要求相差很远，所以只有采用多级通信子网，构成复合型拓扑结构，在不同级别的子网中配置不同的通信协议，才能满足各层对通信的要求。而且采用复合型结构不仅使通信具有适应性，而且具有良好的可扩展性，用户可以根据投资和生产的发展，从单台PLC到网络，从底层向高层逐步扩展。

(三)PLC网络各级子网通信协议配置规律

通过典型PLC网络的介绍，可以看到PLC各级子网通信协议的配置规律如下：

(1)PLC网络通常采用3级或4级子网构成的复合型拓扑结构，各级子网中配置不同的通信协议，以适应不同的通信要求。

(2)PLC网络中配置的通信协议有两类：一类是通用协议，一类是专用协议。

(3)在PLC网络的高层子网中配置的通用协议主要有两种：一种是MAP规约(MAP3.0)，一种是Ethernet协议，这反映PLC网络标准化与通用化的趋势。PLC间的互联、PLC网与其他局域网的互联将通过高层协议进行。

(4)在PLC网络的底层子网及中间层子网采用专用协议。其最底层由于传递过程数据及控制命令，这种信息很短，对实时性要求较高，常采用周期I/O方式通信；中间层负责传递监控信息，信息长度居于过程数据和管理信息之间，对实时性要求比较高，其通信协议常采用令牌方式控制通信，也可采用主从式控制通信。

(5)个人计算机加入不同级别的子网，必须根据所联入的子网要求配置通信模板，并按照该级子网配置的通信协议制用户程序，一般在 PLC 中无须制程序。对于协议比较复杂的子网，可购置厂家提供的通信软件装入个人计算机中，将使用户通信程序的编制变得比较简单方便。

(6)PLC 网络底层子网对实时性要求较高，通常只有物理层、链路层、应用层；而高层子网传送管理信息，与普通网络性质接近，但考虑到异种网互联，因此，高层子网的通信协议大多为 7 层。

## (四)PLC 通信方法

在 PLC 及其网络中存在两大类通信：一类是并行通信，另一类是串行通信。并行通信一般发生在 PLC 内部，它指的是多处理器之间的通信，以及 PLC 中 CPU 单元与各智能模板的 CPU 之间的通信。

PLC 网络从功能上可以分为 PLC 控制网络和 PLC 通信网络。PLC 控制网络只传送 ON/OFF 开关量，且一次传送的数据量较少。如 PLC 的远程 I/O 链路，通过 Link 区交换数据的 PLC 同位系统。它的特点是尽管要传送的开关量远离 PLC，但 PLC 对它们的操作，就像直接对自己的 I/O 区操作一样的简单、方便迅速。PLC 通信网络又称为高速数据公路，这类网络传递开关量和数字量，一次传递的数据量较大，它类似于普通局域网。

### 1."周期 I/O 方式"通信

PLC 的远程 I/O 链路就是一种 PLC 控制网络，在远程 I/O 链路中采用"周期 I/O 方式"交换数据。远程 I/O 链路按主从方式工作，PLC 的远程 I/O 主单元在远程 I/O 链路中担任主站，其他远程 I/O 单元皆为从站。主站中负责通信的处理器采用周期扫描方式，按顺序与各从站交换数据，把与其对应的命令数据发送给从站，同时，从站中读取数据。

### 2."全局 I/O 方式"通信

全局 I/O 方式是一种共享存储区的串行通信方式，它主要用于带有连接存储区的 PLC 之间的通信。

在 PLC 网络的每台 PLC 的 I/O 区中各划出一块来作为链接区，每个链接区都采用邮箱结构。相同号的发送区与接受区大小相同，占用相同的地址段，一个为发送区，其他皆为接收区。采用广播方式通信。PLC1 把 1＃发送区的数据在 PLC 网络上广播，PLC2、PLC3 把它接收下来存在各自的 1＃接收区中；PLC2 把 2＃发送区的数据在 PLC 网络上广播，PLC1、PLC3 把它接收下来存在各自的 2＃接收区中；以此类推。由于每台 PLC 的链接区大小一样，占用的地址段相同，数据保持一致，所以，每台 PLC 访问自己的链接区，就等于访问了其他 PLC 的链接区，也就相当于与其他 PLC 交换了数据。这样链接区就变成了名副其实的共享存储区，共享存储区成为各 PLC 交换数据的中介。

全局 I/O 方式中的链接区是从 PLC 的 I/O 区划分出来的，经过等值化通信变成所有 PLC 共享，因此称为“全局 I/O 方式”。这种方式 PLC 直接用读写指令对链接区进行读写操作，简单、方便、快速，但应注意在一台 PLC 中对某地址的写操作在其他 PLC 中对同一地址只能进行读操作。

3. 主从总线 1:N 通信方式

主从总线通信方式又称为 1:N 通信方式，这是在 PLC 通信网络上采用的一种通信方式。在总线结构的 PLC 子网上有 N 个站，其中只有 1 个主站，其他皆是从站。这种通信方式采用集中式存取控制技术分配总线使用权，通常采用轮询表法，轮询表即一张从机号排列顺序表，该表配置在主站中，主站按照轮询表的排列顺序对从站进行询问，看它是否要使用总线，从而达到分配总线使用权的目的。

为了保证实时性，要求轮询表包含每个从站号不能少于一次，这样在周期轮询时，每个从站在一个周期中至少有一次机会取得总线使用权，从而保证了每个站的基本实时性。

4. 令牌总线 N:N 通信方式

令牌总线通信方式又称为 N:N 通信方式。在总线结构上的 PLC 子网上有 N 个站，它们地位平等，没有主从站之分。这种通信方式采用令牌总线存取控制技术。在物理上组成一个逻辑环，让一个令牌在逻辑环中按照一定方向依次流动，获得令牌的站就取得了总线使用权。

热处理生产线 PLC 控制系统监控系统中采用 1∶1 式“I/O 周期扫描”的 PLC 网络通信方法，即把个人计算机连入 PLC 控制系统中，计算机是整个控制系统的超级终端，同时也是整个系统数据流通的重要枢纽。通过设计专业 PLC 控制系统监控软件，实现对 PLC 系统的数据读写、工艺流程、质量管理，以及动态数据检测与调整等功能，通过建立配置专用通信模板，实现通信连接，在协议配置上采用 9600bps 的通信波特率、FCS 奇偶校验和 7 位的帧结构形式。

这样的协议配置和通信方法的选用主要是根据该热处理生产线结构较简单、PLC 控制点数不多、控制炉内碳势难度不大和通信控制场所范围较小的特点选定的，是通过 RS485 串行通信总线，实现 PLC 与计算机之间的数据交流的，经过现场生产运行，证明该系统的协议配置和通信方法的选用是有效、切实可行的。

# 第七章　电气控制系统中的 PLC 自动控制及智能控制技术

自动化控制系统是 20 世纪科学与技术进步的象征，是工业现代化的标志。自动化控制系统起源于 20 世纪 30 年代，在控制方式上经历了从人工控制到自动控制两个发展时期，经历了从传统过程控制到先进过程控制两个发展阶段。智能控制思想出现于 20 世纪 60 年代。早期的智能控制系统采用比较初级的智能方法，如模式识别和学习方法等，而且发展速度十分缓慢。20 世纪 80 年代中期，随着人工神经网络研究的再度兴起，使智能控制技术得到了迅速发展。作为工业自动化系统中最核心的器件，PLC 已成为工业控制系统中最重要的一环。PLC 作为工业控制的设备基础，随着智能控制技术的不断革新，在工业控制中的地位日益增强，已经成为实现工业智能控制的重要工具。同时 PLC 控制技术对于智能制造、智能工厂、工业互联网而言，也面临着新的挑战。本章将介绍自动化过程控制与智能控制，以及 PLC 智能控制技术的发展历程、PLC 智能控制技术和智能模块的发展现状与趋势；并主要介绍楼宇智能化和智能制造过程控制中的 PLC 智能控制技术、石油、化工等过程控制系统中的 PLC 智能控制技术。

## 第一节　自动化过程控制技术概述

### 一、自动化过程控制技术

在石油、化工、冶金、电力等工业生产过程中，自动化过程控制技术是指连续的或按一定程序周期进行的生产过程的自动控制，或称为生产过程自动化控制技术。通常把采用模拟量或数字量控制方式对生产过程的某些物理量参数进行自动控制的过程称为过程控制(Process Control Systems,PCS)。自动化过程控制系统可以分为常规仪表自动化过程控制系统和计算机自动化过程控制系统两大类。自动化过程控制系统经历了分散控制、集中控制、集散控制(DCS)、现场总线控制(FCS)四个阶段。

目前自动化过程控制技术正朝着高级阶段发展,正在向综合化、智能化方向发展。利用计算机控制技术,以智能控制理论为基础,以计算机及网络为主要手段,对企业的经营、计划、调度、管理和控制全面综合,实现从原料进库到产品出厂的高度自动化和智能化、整个生产系统信息管理的最优化。

近十几年来,自动化过程控制技术发展非常迅速,由于集散控制系统是这一领域的主导发展方向,各国厂商都在这一技术领域和市场不断推陈出新。美国和日本的技术产品代表了两个主要的发展方向:美国厂商重点推出开放型集散控制系统,快速研制现场总线产品,推广应用智能变送器;日本厂商则着重发展高功能集散系统,从软件开发入手,挖掘软件工作的潜力,强调控制功能和管理功能的结合。

自动化过程控制技术的未来发展趋势如下:

(1)大力推广应用成熟的先进技术。普及应用具有智能 I/O 模块的、功能强、可靠性高的、具有智能化功能的 PLC;广泛使用智能化调节器,采用以位总线(Bitbus)、现场总线(Fieldbus)技术等先进网络通信技术为基础的新型 DCS 和 FCS 控制系统。

(2)大力研究和发展人工智能控制系统。研究和发展分级阶梯的智能控制系统、模糊控制系统、专家控制系统、学习控制系统、人工神经网络控制系统和基于规则的仿人工智能控制系统等。

(3)控制与管理相结合,向低成本自动化(LCA)方向发展。在 DCS 和 FCS 的基础上,采用先进的控制策略,将生产过程控制任务和企业管理任务共同兼顾,构成计算机集成控制系统(CIPS),可实现向低成本综合自动化系统的方向发展。

总之，随着计算机软件和硬件技术、智能化功能的PLC技术、人工智能化控制技术和通信技术的进一步发展，工业自动化过程控制技术将会不断向智能化控制技术方向发展。

## 二、智能控制技术

### （一）智能控制技术的发展历史

智能控制的思想出现于20世纪60年代。1965年美国普渡大学教授首先把AI的启发式推理规则用于学习控制系统。1966年J. M. Mendel首先主张将AI用于飞船控制系统的设计。1967年，C. T. Leondes等人首次正式使用"智能控制"一词。1971年，有学者论述了AI与自动控制的交叉关系。自此，自动控制与AI开始碰撞出火花，一个新兴的交叉领域——智能控制得到建立和发展。早期的智能控制系统采用比较初级的智能方法，如模式识别和学习方法等，而且发展速度十分缓慢。

1975年，E. H. Mamdani成功地将模糊逻辑与模糊关系应用于工业控制系统，提出了能处理模糊不确定性、模拟人的操作经验规则的模糊控制方法。此后，在模糊控制的理论和应用两个方面，控制领域的专家们进行了大量研究，并取得了一批令人感兴趣的成果，被视为智能控制中十分活跃、发展也较为深刻的智能控制方法。

20世纪80年代，基于AI的规则表示与推理技术、基于规则的专家控制系统得到迅速发展。20世纪80年代中期，随着人工神经网络研究的再度兴起，控制领域研究者们提出了充分利用人工神经网络良好的非线性逼近特性、自学习特性和容错特性的神经网络控制方法。

随着研究的展开和不断深入，形成智能控制新学科的条件逐渐成熟。1985年8月，IEEE在美国纽约召开了第一届智能控制学术讨论会，讨论了智能控制原理和系统结构。由此，智能控制作为一门新兴学科得到广泛认同，并取得迅速发展。

### （二）智能控制技术的发展现状

近十几年来，随着智能控制方法和技术的发展，智能控制技术迅速走向各种专业应用领域，应用于各类复杂被控对象的控制问题，如工业过程的智能控制、机器人系统的智能控制、现代生产制造系统的智能制造、交通控制系统的智能控制等。我国提出的“中国制造 2025”都是基于这一思想。目前智能控制技术在工业领域的应用主要有以下几方面：

### 1. 工业生产过程控制中的智能控制

工业生产过程控制中的智能控制主要包括局部级智能控制和全局级智能控制。局部级智能控制是指将智能引入工艺过程中的某一单元进行控制器设计，研究热点是智能 PID 控制器，因为其在参数的整定和在线自适应调整方面具有明显的优势，且可用于控制一些非线性的复杂对象。全局级智能控制主要针对整个生产过程的自动化，包括整个操作工艺的控制、过程的故障诊断、规划过程操作处理异常等。

### 2. 工业先进制造系统中的智能控制

智能控制被广泛地应用于机械制造行业。在现代先进制造系统中，需要依赖那些不够完备和不够精确的数据来解决难以或无法预测的情况，人工智能技术为解决这一难题提供了一些有效的解决方案。目前具体的解决方案如下：

(1)利用模糊数学、神经网络的方法对制造过程进行动态环境建模，利用传感器融合技术进行信息的预处理和综合。

(2)采用专家系统作为反馈机构，修改控制机构或者选择较好的控制模式和参数。

(3)利用模糊集合决策选取机构来选择控制动作。

(4)利用神经网络的学习功能和并行处理信息的能力，进行在线的模式识别，处理那些可能是残缺不全的信息。

### 3. 电力系统中的智能控制

电力系统中的发电机、变压器、电动机等电机电器设备的设计、生产、运行、控制是一个复杂的过程。国内外的电气工作者将人工智能技术引入到电气设备的优化设计、故障诊断及控制中，取得了良好的控制效果。目前主要体现在如下几方面：

(1)用遗传算法对电器设备的设计进行优化，可以降低成本，缩短计算时间，提高产品设计的效率和质量。

(2)应用于电气设备故障诊断的智能控制技术有模糊逻辑、专家系统和神经网络。

(3)智能控制在电流控制 PWM 技术中的应用是具有代表性的技术应用方向之一，也是研究的新热点之一。

近年来，智能控制技术在国内外已有了较大的发展，已进入工程化、实用化的阶段。但作为一门新兴的理论技术，它还处在一个发展时期。随着人工智能技术、计算机技术的迅速发展，智能控制必将迎来它的发展新时期。

## (三)智能控制技术的层次特征和定义

### 1. 智能控制技术的层次特征

智能控制与智能控制系统可以从智能层次的角度来进行描述，可以把智能控制大致分为初级、中级、高级三个层次。每一个层次的智能控制通常都应该包含智能系统的特征。一个智能系统应具备在不可预测的环境下适当工作的能力，在这个环境中一个适当的反应能够增加成功的可能性，从而达到系统最终的目的。

对于一个初级的人造智能化控制系统，为了能适应相应工作的要求，它应能模拟一般生物的初级功能和基本的人工智能。一个智能系统的智能化程度应能从智能的各个方面测得所以一个初级智能系统至少应具有感受环境、进而做出决定来进行控制的能力。

对于一个智能化程度比较高的智能控制系统，如中级层次的智能化控制系统，则应具有识别目标和事件、描述事件模型中的知识、具有一定的思考能力并计划未来的能力。

对于一个智能化程度更高级的智能控制系统而言，应具有能在复杂的环境下感知和理解、理智地做出选择、能在各种各样的复杂环境下成功地进行运行的能力，并且具有能在复杂的、不利的环境下生存和发展的能力。

目前通过计算能力的发展和在复杂多变的环境中感知、决定并做出响应的知识的积累，即人造智能化系统自学习过程的不断进步，可以观察到智能控制技术在不断更新与发展。

对于智能化程度更高级的智能控制系统而言，自适应与自学习能力对于在智能控制系统中适应变化多端的条件是必需的。尽管自适应不一定要具备自学习能力，但一个控制系统要适应不可预测的各种变化，则自学习是最必要的。一个智能控制系统必须对重要的、不可预料的变化具有很高的适应性，而且自学习也是必要的。在应对变化因素时，它必须呈现出高度自主性，必须能够处理非常复杂的问题，而且这将导致某些稀少的、例如层次这样的功能机构。因此自学习能力是一个高级智能系统的一种重要特性。

2. 智能控制技术的定义

具有智能控制的机器，实际上就是控制机器具有模拟人类智能的机器。智能控制技术是指智能机器自主地实现其目标的过程，即机器能自主地或与人交互地执行人类规定的任务的控制过程，是一类无须人的干预就能够自主地驱动智能机器实现其目标的自动控制，是用计算机模拟人类智能的一个重要领域。

人类对生产设备的控制技术经历了手动控制到机械控制，再到电气控制和自动控制的过程。现在提出的智能控制实际上是电气控制和自动控制技术的进一步进化和升级。智能控制技术是以控制理论、计算机科学、人工智能、运筹学等学科为基础，扩展了相关的理论和技术，其中应用较多的有模糊逻辑、神经网络、专家系统、遗传算法等理论，以及自适应控制、自组织控制和自学习控制等技术。

## 三、PLC 智能控制技术

### (一)PLC 智能控制技术的发展历程

从 1969 年第一台 PLC 诞生之日起,PLC 就与工业结下了“不解之缘”。经过近半个世纪的发展,PLC 已经成为工业自动化控制系统中最核心的器件,在工业控制层扮演着最“接地气”和最重要的角色。当人们谈论智能制造、智能工厂、工业互联网这些“高大上”概念的时候,始终要回到 PLC 控制执行的落地层面,面对 PLC 应用效益的最大化以及如何改进满足柔性生产线和智能工厂的需求等问题。随着 PLC 应用功能的不断完善,PLC 将成为智能控制技术的重要支柱技术之一。

“中国制造 2025”和德国的“工业 4.0”的提出,推进了制造过程智能化、数字化控制、状态信息实时监测和自适应控制。目前 PLC 的最终用户主要为冶金、采矿、水泥、石油、化工、电力、机械制造、汽车、装卸、造纸、纺织、环保、建筑电气设备控制等行业,主要用途有顺序控制、运动控制、过程控制、数据处理等几方面。

在 PLC 的技术发展历程中,为了适应工业现场应用和用户二次开发的需要,积极地发展了高可靠性、网络化和高性能的用户开发软件方面的技术性能。PLC 系统的模块化技术主要有处理器模块、信息协同处理器模块、高级语言协同处理器、网络适配器模块、特殊功能的 I/O 模块等。目前,PLC 的控制模块正在向智能化方向发展。

### (二)PLC 智能控制技术的发展现状

随着电子技术、通信技术及计算机技术的飞速发展,PLC 在硬件上正在向小型化、模块标准化方向发展;功能上则具备智能化、网络化、高性能的特点;软件上则采用国际标准 IEC61131－3,不断提升 PLC 专用操作系统的水平;应用上则是从传统的离散制造业向连续的流程工业扩展。PLC 在各方面性能上都有大幅度提高,从而突破了传统概念,由只能执行简单逻辑控制发展到具有数万 I/O 规模、运算和控制功能以及通信、联网能力的综合控制系统，已成为工业自动控制的核心设备之一。目前，PLC 的控制模块正在向智能化和智能化控制系统方向发展。

在对 PLC 技术研究逐渐深入的背景下，越来越多的复杂自动控制系统都将 PLC 作为首选技术方案。同早期 PLC 设备比较而言，当前 PLC 厂商为了适应时代发展要求，都在开发诸多的配套功能模块，其智能化的处理能力也获得一定程度的提升。对于当前种种生产工艺流程而言，选用当前最为广泛的 PLC 自动控制系统智能模块，如智能化输入输出模块，可以实现采集外部模拟量以及对内部数字量的控制；而在一些品牌 PLC 的智能模块中，已经将 A/D 和 D/A 的功能嵌入到智能模块中，以满足市场智能化的需求。

目前，在控制模块上已具备智能化、网络化的 PLC，已经大量运用于一些智能化的工业控制系统中。如工业生产过程中的智能控制、工业先进制造系统中的智能控制及电力系统中的智能控制等。

### （三）PLC 智能控制技术的发展趋势

PLC 智能控制技术的未来发展不仅取决于产品本身的发展，还取决于 PLC 与其他控制系统和工厂管理设备的集成情况。PLC 通过网络被集成到计算机集成制造（CIM）系统中，其功能和资源与数控技术、机器人技术、CAD/CAM 技术、个人计算机系统、管理信息系统以及分层软件系统相结合，将在工厂的未来发展中占据重要的地位。新的 PLC 的技术进展包括更好的操作员界面、图形用户界面（GUI）、人机界面，也包括与设备、硬件和软件的接口，并支持人工智能，如逻辑 I/O 系统等。软件进展将采用广泛使用的通信标准提供不同设备的连接，新的 PLC 指令将立足于增加 PLC 的智能性，基于知识的学习型指令也将逐步被引入，以增加系统的能力。可以肯定的是，未来的工厂自动化和智能化系统中，PLC 将占据重要的地位，控制策略将被智能地分布开来，而不是集中，超级 PLC 将在需要复杂运算网络通信和对小型 PLC 和机器控制器的监控应用中获得使用。

PLC从工业领域已经扩展到商业、农业、民用、智能建筑等领域。PLC不仅可以用于代替传统的继电器控制的开关量逻辑控制，也可以用于模拟量闭环过程控制、数据处理、通信联网和运动控制等场合，在国民经济的快速发展过程中起着越来越重要的作用。随着微处理器、网络通信、人机界面技术的迅速发展，工业自动化技术日新月异，未来PLC将朝着集成化、网络化、智能化、开放化、易用性的方向发展。PLC技术虽然面临着来自其他自动化控制系统的挑战，但同时也在吸收它们的优点，互相融合，不断创新，在今后的国民经济各领域将得到更广泛的应用。总之，PLC作为一种控制的标准设备已广泛应用于自动化控制领域。随着PLC在智能化控制系统中的各项智能控制技术的越来越全面和越来越成熟，应用功能也会不断完善，从而使得PLC在自动化和智能化控制系统中的作用越来越重要。

## 第二节　楼宇智能化和智能制造过程控制系统中的PLC智能控制技术

楼宇智能化控制和智能制造过程控制实际上也是一种自动化或智能化过程控制。目前PLC的智能控制技术在楼宇智能化和智能制造过程控制系统中已经得到了比较多的应用。本节将分别介绍楼宇智能照明系统中的PLC智能控制技术，以及智能制造过程控制系统中的PLC智能控制技术。

### 一、楼宇智能照明系统中的PLC智能控制技术

目前对于楼宇智能化系统而言，主要是对建筑电气设备的智能化控制、安全防范和消防系统设备的智能化控制、通信系统设备的智能化控制。在这三大系统设备的智能化控制系统中，有许多电气设备是通过

PLC智能控制技术来实现智能控制的，如建筑电气设备智能化系统中的供电设备、照明设备、供水系统设备、空调系统设备等的智能控制大多数是采用PLC来实现智能控制。

学校一般大功率动力和制冷设备比较少，照明设施和通风设施则相对比较多。随着经济的发展和科技的进步，学校对照明灯具的节能和科学管理也提出了智能化的控制要求。目前教室多为单侧采光，有时即使是白天，天然采光也不够，因此教室照明需辅以恒定调节。学校通常以白天教学为主，有效利用自然采光能够极大地节约照明能耗。教室深处与近窗口处对照明的要求是不同的，需对教室深处及靠近窗处的灯具分别控制。

学校中功能区域众多，如图书馆、多功能报告厅、行政办公室、食堂等，不同的功能区域对照明的要求也不尽相同。只有为各个功能区域量身定制照明解决方案，才能全面提高管理水平，实现最大化的节能效果。在传统的学校控制系统中，一般包括暖通、安防、消防、闭路电视监控等子系统。学校照明控制系统应该与其他控制系统形成联动机制。

楼宇智能化系统中的照明设备智能控制系统主要由灯具、灯盒等PLC智能控制系统组成。照明设备智能控制系统主要通过各监控点的光照度传感器和PLC及上位监控计算机来实现智能控制。上位监控计算机通过网络交换机和IP路由器及各线路耦合器与PLC相连接。PLC控制器在该楼宇照明设备智能控制系统中的作用主要是实现下位机的智能控制。

教室的照明实现日程控制、场景控制和光照度控制的三重控制。教室照明可根据日程安排进行自动控制。教室开放时按设定的时间开灯，每天关灯前半小时可设置间隔亮灯，提醒自习的同学教室即将关灯。教室不开放时，不开灯。教室内的灯具以区域和隔灯划分回路，既可以根据教室的上课人数开部分区域的灯光，也可以实现整个教室1/3、2/3、3/3的光照度。教室窗边设置光照度传感器，自动控制窗边灯光和电动窗帘，充分利用室外自然光;前后门口和讲台上都安装智能面板,可设置讲课模式、投影仪模式、休息模式、自习模式等。如投影仪模式:事先设定一个情景模式,老师只需按一下智能面板上的指定按钮,投影仪自动打开,投影幕自动放下,电动窗帘自动关闭,同时讲台的灯光关闭,座位上方的大部分灯光关闭,保留一些必要的照明以方便学生做笔记。从而通过 PLC 智能控制系统有效实现了学校教室照明的智能控制。

行政中心一般有开放式办公区和独立办公室。开放式办公区可采用光照度控制和日程控制。窗户旁边的光照度传感器根据室外自然光照自动控制窗边灯光和电动窗帘。门口均安装智能开关面板,能够对室内照明进行分区开关。根据办公区的使用时间设置开关灯时间,每天关灯前半小时可设置间隔亮灯以提醒即将关灯;独立办公室一般为领导办公室,可采用恒照度控制、场景控制和调光控制。光照度传感器可根据室环境光照变化连续调光,始终保持室内光照度为设定值。墙装智能面板不仅能够开关灯、连续调光,而且可控制各种场景,如工作模式、休息模式、迎宾模式、清洁模式等。

图书馆一般有藏书区和阅览区。藏书区采用多功能传感器控制和定时控制。当藏书区开放时自动开启 1/3 隔灯照明,保证基本光照度。有人进入时多功能传感器自动开启该区域的灯光,方便取阅。取阅者离开后延时关闭该区域灯光以节约电能。藏书区停止使用时延时关灯。阅览室则采用光照度控制和定时控制。光照度传感器根据室外光照自动控制窗边灯光和电动窗帘,保证合适的阅读光照度,同时节约能源。阅览室停止使用时延时关灯。

对于多功能报告厅而言、根据活动进程预设进场模式、报告模式、演讲模式、休息模式等。如切换至报告模式时,投影仪自动开启,投影幕放下,同时灯光和窗帘关闭。各种模式的切换可由讲台上的触摸屏计算机一键完成。

对于体育馆而言,体育馆的中央计算机控制、场景控制和系统联动,可根据比赛项目、比赛场地大小和灯位的情况来设定场景模式，如篮球赛模式、羽毛球赛模式等，各种模式的开启和切换均由一键完成。采用中央计算机实时监控整个体育场馆的照明，把空调、音响/视频系统纳入照明控制系统中统一管理，协调工作。如当现场音乐响起时，灯光马上会出现一些变化效果作为配合。同时与消防形成联动，确保火警时应急照明启动，方便人员的疏散。

对于公共区域而言，楼梯间、卫生间、走廊等公共区域可采用定时控制和人体感应控制相结合，在保证基本照明的前提下做到人来灯亮、人走灯灭，最大限度地节约能源。

对于城市公园绿化区域而言，可以采用天文钟时间控制和日程控制。按照当地的日出日落时间对其进行自动控制，每天日落时自动开启绿化照明，午夜时分关闭部分绿化照明，日出时全关。同时根据不同日程安排，如国庆、元旦等重大节假日或庆典等重要时刻，自动开启园林照明的不同模式，配合渲染节日气氛。

## 二、智能制造过程控制系统中的 PLC 智能控制技术

工厂智能化制造车间的智能化过程控制系统主要由视频监控系统、工业以太网和光纤传输通信系统、智能制造车间管理中心、CAD 计算机系统、传感器控制系统、PLC 系统、PLC 控制器控制的工业机器人系统、与 PLC 相联网的智能制造车间主计算机、智能制造车间管理中心计算机系统等组成。

工厂智能化制造车间的 PLC 智能控制系统是以光纤线缆为主干线来连接区内各个子网络，通过计算机网络系统构成一个分级分布式结构。各子网络系统由 PLC 智能化控制系统构成。各子网络系统中的 PLC 智能控制系统依次与控制设备、传感控制器、管理工作站及其他通信设备连接，构成一个先进的智能通信网络。通过网络可以有效地管理和控制生产流程，自动地控制区内的电子设备和通信设备，定时地存取数据和即时

访问共享数据，并以数据处理和通信服务的方式，把人和机器的生产过程连接在一起，来增强产品的设计、生产、销售等方面的能力，从而实现整个智能制造车间系统的智能化，大大减少了人的参与，有效提高了生产效率和制造精度，提高了整个车间制造过程的智能化。

## 第三节　石油、化工等过程控制系统中的PLC智能控制技术

过程控制和集散控制技术是目前石油、化工等自动化控制领域的重要控制技术，PLC智能控制技术已经在石油、化工等自动化控制领域中得到了比较多的应用。本节将介绍石油油库过程控制系统中的PLC智能控制技术和工业化工过程集散控制系统（DCS）中的PLC智能控制技术。

### 一、石油油库过程控制系统中的PLC智能控制技术

工业石油在开采、运输、炼制、储存、转运、储备等环节中，成品油通过油库进行安全储存是一个非常重要的环节。作为石油工业的商业油库，主要生产业务流程包括火车卸油、油罐收油、油罐油品静置、油品分析、火车发油、调度管理、业务往来和结算等环节，其中一项重要的工作即油品计量。油品的计量罐通过混合式储罐计量系统获得储液的平均密度、精确体积、精确质量以及液位值，实现收油计量、发油计量、库存计量和油库存油动态监测。储存成品油的油罐通过监控级液位计、温度计获得储罐的液位、温度以及罐内储油体积，实现对储罐工况和库存的实时监测。

某成品石油储存油库过程控制系统中的PLC智能控制系统主要由分布式的现场I/O接口、现场智能仪表、现场总线中间PLC智能控制系统、工业以太网、管理层工业控制计算机等组成。整个系统通过现场总线

和现场分布式I/O接口、现场智能仪表与现场的储油罐和油泵等设备进行连接，将现场的各种数据通过现场I/O接口上传到PLC，再由PLC的工业以太网接口将现场检测数据通过工业以太网上传到上位工业控制计算机。系统主要由上位工业控制计算机进行系统的总体控制，由PLC实现现场的底层控制，从而实现整个成品石油储存油库的智能控制。PLC在整个智能控制系统中是现场底层的关键控制设备，是整个系统的中间层关键控制设备，主要起着上传下达的控制作用，是联网控制的关键控制设备。

整个系统的安全监控主要通过静态检漏监测、储罐液位高低限报警、储罐温度高低限报警、可燃气体浓度检测报警、储罐表面热点探测预警等检测措施来保证，可以有效防止漏油、窜油、冒油、火灾及其他突发性事故的发生。油泵的安全监控主要是通过油泵的状态监视、油泵出入口压力监测、重要机泵安全自检联锁等功能来实现。

整个系统设置有智能岗位巡检系统，通过智能电子监督设备可以对操作人员的巡检工作情况进行记录统计，以保证油库的生产安全。同时把消防系统的监测和控制纳入了PLC智能控制系统的智能监控系统内，以提高消防的自动快速反应能力。通过现代先进的闭路电视监视系统对罐区、泵房、汽车装卸、火车装车的要害部位进行监视，并通过网络系统传送到相应管理部门监视记录。

整个油库控制站对油品储备库生产运作进行全面监控、操作、记录，并把各种工况数据通过PLC智能控制系统进行采集、处理后传送到上级监控管理网，从而使整个系统实现智能控制。

尽管储运生产属于超慢进程，但也正是由于超慢进程，容易产生操作的忽视性疲劳并发生诸如“跑、冒、漏、窜”之类的事故。油罐区一旦发生事故，往往都是大事故。因此，为了确保油罐区的万无一失，油罐区的所有检测仪表和执行机构的信号（包括液位计、温度计、液位开关、电动阀、可燃气体报警器、储罐表面热点探测预警系统、智能岗位巡检系统、工业闭路电视监视信号)都集中由PLC智能控制系统进行采集和输出控制，也就是在油库操作室设置了性能优良的罐区PLC智能控制监控系统操作站。由该罐区PLC智能控制操作站实现人工安全生产作业和智能化安全生产作业、智能化安全保障、智能化操作管理、输油泵运行的安全保障、智能化消防应急、配电房的监控管理、智能岗位巡检、作业区智能化管理、智能化库区电视监视等功能。

在生产作业时，在操作站中可以选择人工操作，也可以选择智能操作。选择人工操作时，可根据需要预先输入一些工艺流程，也可根据调度的要求选择其中的一个工艺流程，选择人工干预时则由操作站给出操作提示，由操作员根据提示打开相应的阀门，同时操作站与设定流程进行操作比对，出现问题时及时给出报警。可以设定输转量，当到达设定量时，操作站会及时给出报警，也可以自动切换油罐。操作站可以把每一次操作情况均记录在案，可以根据指定的时间间隔自动打印出收付报表。选择智能操作时，由操作站的智能控制系统和PLC智能控制操作系统，通过对上一个人工成功操作流程的自学习，根据设定的流程自动打开相应的阀门，监视相应的阀门和泵的状态。底层设备的智能化操作主要是通过PLC智能控制操作系统来实现，从而自动和智能地完成整个工作过程。

操作站记录库区数据，包括各储罐的液位、温度、密度、水尺，并算出体积和重量。操作站可以根据指定的时间间隔自动打印出岗位巡检报表，也可以在任意时刻打印当前的库区库存报表，从而通过操作站的智能控制系统和PLC智能控制操作系统安全可靠地完成整个工作过程。

## 二、工业化工过程控制系统中的PLC智能控制技术

工业化工过程控制系统是集散控制系统(DCS)的一种典型应用。该控制系统主要由化工过程控制系统中的各种现场传感器和变送器、智能仪表、PLC智能控制系统、操作员工作站、工程师站、通信系统等组成。

现场传感器和变送器主要有温度传感器、电磁流量计、差压变送器、压力传感器、阻旋物位计、物位传感器、湿度传感器、流量传感器、液位传感器、物位计、涡街流量计等。其中涡街流量计是根据卡门涡街原理研究生产的测量气体、蒸汽或液体的体积流量、标况的体积流量或质量流量的体积流量计，主要用于工业管道介质流体的流量测量，如气体、液体、蒸汽等多种介质的检测。

通信系统主要有无线通信系统、光缆通信系统和局域网通信系统。无线通信系统的现场设备信号以无线发射方式（数传电台）传输到控制中心。光缆通信系统的现场信号直接采用光缆传输到控制中心。局域网通信系统的现场信号以企业内部局域网传输到控制中心。

操作员工作站由多台上位控制计算机组成，每一个操作员工作站由一台上位控制计算机组成，然后通过计算机局域网通信系统进行互联和通信。操作员工作站的计算机具有自学习功能。

工程师站实际上是整个系统中心工作站，实现整个系统的管理和控制，主要由 1～2 台中心控制计算机组成。其中一台为主要工作的控制计算机，一台可以作为与远程网络连接和交换的控制计算机。

PLC 智能控制系统主要与现场的传感器和现场工作设备相连接，同时与上位控制计算机相连接，主要实现对现场信号的采集，及时将现场采集的信号上传，同时实现对现场设备的直接控制。

操作员工作站和工程师站的计算机等控制设备主要设置在控制台上，网络交换机和 PLC 智能控制系统设备主要设置在控制柜中，控制台和控制柜之间的通信主要通过无线通信系统、光缆通信系统、计算机局域网通信系统进行连接和通信。

PLC 智能控制系统在整个控制系统中起着非常重要的控制作用。PLC 智能控制系统不仅及时将现场采集的信号上传，同时不断执行操作员工作站和工程师站上位机的控制命令，不断实现对现场设备的直接控制。PLC 智能控制系统与操作员工作站和工程师站之间主要是通过网络系统、光缆通信系统、计算机局域网通信系统进行连接和通信。

PLC智能控制系统可根据化工生产过程现场中的温度、流量、压力等信号，并根据系统的设置参数要求和智能控制程序要求，直接控制和驱动化工生产现场的过程设备进行化工生产过程的工作，同时不断将化工生产过程现场的温度、流量、压力等信号及时上传到操作员工作站的计算机，并可不断接收操作员工作站计算机发布的命令进行及时调整化工生产过程的工作参数，即可根据不同的化工产品的生产工艺过程参数要求进行及时调整和改变，以便实现化工产品生产的最佳质量要求。

对不同的化工产品的生产工艺要求，可以由上位控制及监控计算机的工程师工作站或操作员工作站的计算机，对不同的化工产品的生产工艺要求进行现场生产工艺数据修改和工艺流程操作。如果为操作员工作站的计算机进行现场修改，则操作员在操作员工作站的计算机上对不同化工产品的生产工艺要求进行现场生产工艺数据修改和工艺流程操作。操作员工作站的计算机通过自学习功能，将操作员人工修改数据和工艺过程进行自学习和存储，并通过控制系统的网络系统和通信系统，自动实现信息的传输和交流，将数据上传到工程师工作站监控计算机。在得到工程师工作站监控计算机的审核和批准同意后下传到PLC智能控制系统进行执行。PLC智能控制系统则不断执行操作员工作站计算机的正常控制命令及自学习功能的控制命令和工程师工作站的上位监控计算机的监控命令，对化工生产过程的生产工艺进行不断的调控和生产参数的智能修改，从而实现了PLC智能控制系统与操作员工作站和工程师站的控制计算机，通过网络系统、光缆通信系统、计算机局域网通信系统一同构成化工过程的智能控制。

# 第八章　电气自动化控制系统的研究

## 第一节　电气自动化控制系统的基本认知和常识研究

### 一、自动控制的基本原理、组成及控制

#### （一）自动控制的基本原理

在现代科学技术的众多领域中，自动控制技术起着越来越重要的作用。所谓自动控制，是指在没有人直接参与的情况下，利用外加的设备或装置（控制装置或控制器），使机器设备或生产过程（统称被控对象）的某个工作状态或参数（即被控量）自动地按照预定的规律运行。近几十年来，随着电子计算机技术的发展和应用，在宇宙航行、机器人控制、导弹制导以及核动力等高新技术领域中，自动控制技术更具有特别重要的作用。不仅如此，自动控制的应用现已扩展到生物、医学、环境、经济管理和其他许多领域中，成为现代社会活动中不可缺少的重要组成部分。

自动控制发展初期，是以反馈理论为基础的自动调节原理，主要用于工业控制。为了实现各种复杂的控制任务，首先要将被控对象和控制装置按照一定的方式连接起来，组成一个有机整体，这就是自动控制系统。在自动控制系统中，被控对象的输出量即被控量是要求严格加以控制的物理量，它可以要求保持为某一恒定值，如温度、压力、液位等，也可以要求按照某个给定规律运行，例如飞机航行、记录曲线等。而控制装置则是对被控对象施加控制作用的机构的总体，它可以采用不同的原理和方式对被控对象进行控制，但最基本的一种是基于反馈控制原理组成的反馈

控制系统。

在反馈控制系统中，控制装置对被控对象施加的控制作用，是取自被控量的反馈信息，用来不断修正被控量与输入量之间的偏差，从而实现对被控对象进行控制的任务。下面我们通过一个例子来说明反馈控制的原理。

厨师用一台电热烤炉来烤制某种食品，温度以 150℃时为宜，为此在烤炉上装了一支水银温度计。食品原料装入后，便将电源开关 S 接通，烤炉的电阻 R 通电加热；温度达到 150℃时，再把开关 S 断开，烤炉内的温度便逐步下降，当温度低于 150℃时，又要将开关 S 合上，这样操作下去直到食品取出为止，显然，这位厨师需要一直坚守岗位，如果疏忽大意，烘烤的食品不是半生不熟就是被烤焦了不能食用。如果把水银温度计换成一套控温仪表，它不但能显示当前炉内温度，而且它还有一对控制接点，再把手动开关换成交流接触器。当我们把食品原料放入烤炉以后，将电源接通，接触器 KM 的线圈得电，烤炉的电阻 H 通电加热；温度达到 150℃时，接触器 KM 断电，其工作过程与前面的情况相同，但炉温可以自动保持在 150℃左右，不再需要人的参与。

同样是控制电热烤炉的温度，还可以采用另外一种方法，厨师操作一只调压器，当炉温接近 150℃时，把输送到电阻 A 上的电压适当降低，当炉温低于 150℃时又适当提高这个电压，这样也可以将炉温保持在 150℃上下，但是还得依靠人工操作。

我们将水银温度计换成另一种控温仪表，调压器也改用由电动机带动滑动电刷的调压器，这时当炉温低于 150℃时，调压器输出电压以最快速度升温，炉温接近 150℃时，输出电压将适当下降，超过 150℃时输出电压为零，显然，这样炉温同样可以自动保持在 150℃左右，也不需人的参与。

如果上述第一，二种控制方法与三、四相比较，不难看出前者的加热电压是不变的，电阻上的电流则是时有时无；后者的加热电压是变化的，电阻上的电流大小随炉温变化，一般情况下不致完全断电，这样烤炉的温度波动会小些，但是控温装置显然也要复杂些。

概括起来，自动化带来的主要效益是：

(1)稳定产品质量；(2)增加产量，提高劳动生产率；(3)降低原材料消耗；(4)降低劳动强度，保障人身安全；(5)缩短产品的交货周期，加快资金周转。

## (二)反馈控制系统的基本组成

反馈控制系统是由各种结构不同的元部件组成的。从完成"自动控制"这一职能来看，一个系统必然包含被控对象和控制装置两大部分，而控制装置是由具有一定职能的各种基本元件组成的。在不同系统中，结构完全不同的部件却可以具有相同的职能，因此将组成系统的元部件按职能分类主要有以下几种：

1. 测量元件

其职能是检测被控制的物理量，如果这个物理量是非电量，一般要再转换为电量。

2. 给定元件

其职能是给出与期望的被控量相对应的系统输入量(即参据量)。

3. 比较元件

其职能是把测量元件检测的被测量实际值与给定元件给出的参数量进行比较，求出它们之间的偏差。常用的比较元件有差动放大器、机械差动装置、电桥电路等。

4. 放大元件

其职能是将比较元件给出的偏差信号进行放大，用来推动执行元件去控制被控对象。

5. 执行元件

其职能是直接推动被控对象，使其被控量发生变化。

6. 校正元件

也叫补偿元件,它是结构或参数便于调整的元部件,用串联或反馈的方式连接在系统中,以改善系统的性能。

（三）自动控制系统基本控制方式

反馈控制是自动控制系统最基本的控制方式,也是应用极广泛的一种控制方式。除此之外,还有开环控制方式和复合控制方式,它们都有其各自的特点和不同的适用对象。

1. 反馈控制方式

反馈控制方式也称为闭环控制方式,是指系统输出量通过反馈环节返回来作用于控制部分,形成闭合环路的控制方式,是按偏差进行控制的,其特点是不论什么原因使被控量偏离期望值而出现偏差时,必定会产生一个相应的控制作用去减小或消除这个偏差,使被控量与期望值趋于一致。可以说,按反馈控制方式组成的反馈控制系统,具有抑制任何内、外扰动对被控量产生影响的能力,有较高的控制精度。但这种系统使用的元件多,结构复杂,特别是系统的性能分析和设计也较麻烦。尽管如此,它仍是一种重要的并被广泛应用的控制方式,自动控制理论主要的研究对象就是用这种控制方式组成的系统。

2. 开环控制方式

开环控制方式是指控制装置与被控对象之间只有顺向作用而没有反向联系的控制过程,其特点是系统的输出量不会对系统的控制作用发生影响。

3. 复合控制方式

按扰动控制方式在技术上较按偏差控制方式简单,但它只适用于扰动是可量测的场合,而且一个补偿装置只能补偿一种扰动因素,对其余扰动均不起补偿作用。因此,比较合理的一种控制方式是把按偏差控制与按扰动控制结合起来,对于主要扰动采用适当的补偿装置实现按扰动控制，同时再组成反馈控制系统实现按偏差控制，以消除其余扰动产生的偏差。这样，系统的主要扰动已被补偿，反馈控制系统就比较容易设计，控制效果也会更好。这种按偏差控制和按扰动控制相结合的控制方式称为复合控制方式。

## 二、自动控制系统的分类

自动控制系统有多种分类方法。按控制方式可分为开环控制、反馈控制、复合控制等；按元件类型可分为机械系统、电气系统、机电系统、液压系统、气动系统、生物系统；按系统功能可分为温度控制系统、位置控制系统等；按系统性能可分为线性系统和非线性系统、连续系统和离散系统、定常系统和时变系统、确定性系统和不确定性系统等；按参据量变化规律又可分为恒值控制系统、随动系统和程序控制系统等。一般为了全面反映自动控制系统的特点，常常将上述各种分类方法组合应用。

### （一）线性连续控制系统

这类系统可以用线性微分方程式描述。按其输入量的变化规律不同又可将这种系统分为恒值控制系统、随动系统和程序控制系统。

### （二）线性定常离散控制系统

离散控制系统是指系统的某处或多处的信号为脉冲序列或数码形式，因而信号在时间上是离散的。连续信号经过采样开关的采样就可以转换成离散信号。一般在离散系统中既有连续的模拟信号，也有离散的数字信号，因此离散系统要用差分方程来描述。工业计算机控制系统就是典型的离散系统。

### （三）非线性控制系统

系统中只要有一个元部件的输入—输出特性是非线性的，这类系统就称为非线性控制系统，这时，要用非线性微分（或差分）方程描述其特性。非线性方程的特点是系数与变量有关，或者方程中含有变量及其导数的乘积项。由于非线性方程在数学处理上较困难，目前对不同类型的非线性控制系统的研究还没有统一的方法。但对于非线性程度不太严重的元部件,可采用在一定范围内线性化的方法,将非线性控制系统近似为线性控制系统。

## 三、对自动控制系统的基本要求

自动控制理论是研究自动控制共同规律的一门学科。尽管自动控制系统有不同的类型,对每个系统也有特殊要求,但对于各类系统来说,在已知系统的结构和参数时,我们感兴趣的都是系统在某种典型输入信号下,其被控量变化的全过程。对每一类系统被控量变化全过程提出的共同基本要求都是一样的,可以归结为稳定性、快速性和准确性,即稳、准、快的要求。

### (一)稳定性

稳定性是保证控制系统正常工作的先决条件。它是这样来表述的:系统受到外作用后,其动态过程的振荡倾向和系统恢复平衡的能力。如果系统受到外作用后,经过一段时间,其被控量可以达到某一稳定状态,则称系统是稳定的。还有一种情况是系统受到外作用后,被控量单调衰减,在这两种情况中系统都是稳定的,否则称为不稳定。另外,若系统出现等幅振荡,即处于临界稳定的状态,这种情况也可视为不稳定。线性自动控制系统的稳定性是由系统结构决定的,与外界因素无关。

### (二)快速性

为了很好地完成控制任务,控制系统仅仅满足稳定性要求是不够的,还必须对其过渡过程的形式和快慢提出要求,一般称为动态性能。快速性是通过动态过程时间长短来表现的,系统响应越快,说明系统复现输入信号的能力越强。

### (三)准确性

理想情况下,当过渡过程结束后,被控量达到的稳态值应与期望值一致。但实际上,由于系统结构、外作用形式以及摩擦、间隙等非线性因素的影响，被控量的稳态值与期望值之间会有误差，称为稳态误差。稳态误差是衡量控制系统精度的重要标志。若系统的最终误差为零，则称为无差系统，否则称为有差系统。

## 四、自动控制系统中常用名词与术语

为今后叙述的方便，下面集中介绍控制系统常用名词术语的基本意义。

### （一）控制和调节

“控制”和“调节”的含义十分接近，两者都是为达到预期目的而按照某种规律对控制对象施加作用，又如“调节原理”和“控制理论”都是指同一学科；有些场合两者也有不完全通用的地方，例如通常把开环系统中的动作称为控制而该装置称为控制器；在闭环系统中则分别称为调节和调节器 c 还有“自控”一词包括了各种形式的自动控制，不能称为“自调”；又如“超调”是指控制系统在动态过程中瞬时值与稳态值的偏差，不能称为“超控”等等，这些都是人们的用词习惯形成的。

### （二）自动控制

它是指在没有人直接参与的情况下，利用外加的设备或装置，使机器、设备或生产过程的某个工作状态或参数自动地按照预定的规律运行的控制机制。

### （三）控制对象和被控变量

为保证生产设备能够安全、经济运行，必须组成一个控制系统，对其中某个关键参数进行控制，这台设备就成为控制对象，这个关键参数就是被控变量。

### （四）自动控制系统

它是由研究自动控制装置（也称控制器）和被控对象组成，能自动地对被控对象的工作状态或其被控量进行控制，并具有预定性能的广义系统。

（五）目标值和定值控制系统

目标值也称为设定值，就是希望被控变量保持的数值。如果目标值是恒定不变的，这种自动控制系统就称为定值控制系统。

（六）检测装置

用来感受控制对象的被控变量的大小并将其转换和输出相应的信号作为控制的依据，检测装置通常由某种传感器或变送器组成。

（七）偏差

由反馈装置检测得出的被控变量实际值与目标值之差。在自动控制过程中存在的偏差称为“残余偏差”或“余差”，在静态情况下存在的偏差则称为“静差”。

（八）调节器

调节器是根据偏差大小及变化趋势，按照预定的调节规律给执行器输出相应的调节信号的装置。

（九）执行器

执行器接受调节器送来的调节信号，根据它的数值大小输出相应的操作变量对控制对象施加作用，使被控变量保持目标值。

（十）操作变量

由执行器输出到被控对象中的能量流或物料流称为操作变量。

（十一）扰动或干扰

被控对象在运行过程中受到某种外部因素的影响导致被控变量的变化，这些破坏稳定的不利因素统称为扰动或干扰，如负载变化、电源电压波动、环境条件改变等等。

（十二）阶跃扰动

在分析控制对象受到扰动后的变化时，也就是研究控制对象的动态特性时，设想在某一瞬间。把某个参数突然改变为另一个数值，其增量为X并且维持不变，这种扰动就称为阶跃扰动。

(十三)控制对象的时间常数和时滞

控制对象受到阶跃扰动后,被控变量需要推迟一段时间才按其本身特性变化,再经过一定时间后稳定到一个新的数值,此时间称为“滞后时间”即“时滞”,从起点上升到终点高度所需的时间称为控制对象的时间常数。

(十四)闭环与开环

执行器输出操作变量到被控对象以改变被控变量,而被控变量的变化又通过检测装置输出的信号来影响操作变量,这样的信息传递过程构成了闭合环路,这种系统称为闭环控制;如果不存在这种信息传递的闭合回路,从而被控变量的变化对执行器输出的操作变量不发生影响,这样的系统称为开环控制。

(十五)系统的静态和动态

当自动控制系统的输入(设定值和扰动)及输出(被控变量)都保持不变时,整个系统处于一种相对平衡的稳定状态,这种状态称为静态;当系统的输入发生变化时,系统的各个部分都会改变原来的状态,力求达到新的平衡,这个变化过程就称为系统的动态。

(十六)断续作用和连续作用

断续作用的调节器输出信号只有两种完全不同的状态,例如开关的“接通”或“断开”,没有中间状态。连续作用的调节器其输出信号可以从弱到强连续改变,因而这种方式能够更准确反映控制系统偏差的大小或控制动作的强度,从而可以取得更好的效果。

## 五、常用控制系统的基本类型

常用的控制系统有单回路系统、多回路系统、串级系统、比值系统、复合系统等五种基本类型。

(一)单回路系统

单回路反馈控制系统又称为单参数控制系统或简单控制系统,它是由一个被控对象、一个检测变送装置、一个调节器和一个执行器组成的单闭环控制系统。这种系统的作用特点是:被控对象不太复杂,系统结构比较简单。只要合理地选择调节器的调节规律,就可以使系统的技术指标满足生产工艺的要求。单回路控制系统是实现生产过程自动化的基本单元,由于它结构简单,投资少,易于整定和投入运行,能满足一般生产过程自动控制要求,尤其适用于被控对象滞后时间较短、负荷变化比较平缓、对被控变量的控制没有严格要求的场合,在工业生产中获得广泛的应用。

随着技术的迅速发展,控制系统类型越来越多,如综合控制、复杂控制系统等层出不穷,但单回路控制仍然是最基本的控制系统,掌握单回路控制系统设计的一般原则是很重要的。

生产过程是由若干台工艺设备或装置组成的,它们之间必然相互联系和相互影响,在设计控制系统时必须从整个生产过程出发来考虑问题,为此自动控制专业人员必须与生产工艺专业人员密切配合,根据生产工艺过程特点选择被控变量和操作变量,选择合适的检测装置,选用适当的调节器、执行器及辅助装置等,组成工艺上合理、技术上先进、安装调试和操作方便的控制系统,使全套设备运转协调,在充分利用原料、能源、资金的情况下,安全优质、高效、低耗地进行生产,以获得良好的经济效益。

1. 被控变量和操作变量选择

选择被控变量和操作变量是设计单回路控制系统首先要考虑的问题,被控变量应能反映工艺过程,体现产品质量主要指标;操作变量应能满足控制稳定性、准确性、快速性等方面的要求,还应具有工艺上的合理性和经济性。

被控变量的选择是系统设计的核心问题,在一个生产过程中影响设备正常运行的因素很多,不可能全部进行控制,需要深入分析生产过程,找出对产品的产量和质量以及生产安全和节能等方面有决定性作用的变量作为被控变量。要注意的是,这些变量必须是可以测量的,如果需要控制的变量是温度、压力、流量或液位等,则可以直接将这些变量作为被控变量来组成控制系统，因为测量这些参数的仪表在技术上是很成熟的。

当被控变量选定之后就要选择哪个参数作为操作变量。被控变量是控制对象的输出，而影响被控变量的外部因素则是控制对象的输入。被控对象的输入往往有若干个，这就要从中选择一个作为操作变量，而其余未被选用的输入则成为系统的干扰。从控制的角度来看，干扰是影响控制系统正常稳定运行的破坏性因素，它使被控变量偏离目标值，而操作变量则抑制干扰的影响，把已经变化了的被控变量拉回目标值，使控制系统重新恢复稳定运行，通过深入分析控制对象各种输入变量对被控变量的影响，不难找出对被控变量影响最大的物理量作为操作变量。

2. 检测装置的选择

在控制系统中，被控变量要经过检测装置转换为电信号才能与目标值进行比较，得出偏差值再送到调节器。检测装置通常由传感器和变送器组成，传感器是用来将被控变量转换为一个与之相对应的信号，变送器则将传感器的输出信号转化为统一的标准信号如 4～20mA 或 1～5V 的直流信号。

控制系统对检测装置的基本要求是：

(1)测量值能正确反映被控变量的数值，其误差不超过规定的范围。(2)测量值能及时反映被控变量的变化，即有快速的动态响应。(3)在工作环境条件下能长期可靠操作。

这些要求与传感器和变送器的类型、仪表的精度等级和量程，传感器和仪表的安装使用及防护措施都有密切的关系。

3. 调节器控制规律的选择

调节器的控制规律对控制系统的运行影响很大，不仅与系统的控制品质密切相关，而且对系统的结构和造价有很大的影响。

(1)位式调节器

常见的位式调节器是双位式调节器。一般适用于滞后较小，负荷变化不大也不剧烈，控制质量要求不高，允许被控变量在一定范围内波动的场合。

双位式调节器的输出只有“接通”与“断开”两种截然不同的状态，这类控制元件品种很多，如温度开关、压力开关、液位开关、料位开关、光敏开关、声敏开关、气敏开关、定时开关、复位开关等等。它们的结构比较简单、价格相对低廉，与之配套的执行器通常也选用开关器件如继电器、接触器、电磁阀、电动阀等，组成控制系统相当方便而且节省资金，能够满足一般的使用要求，因而应用相当广泛。

下面介绍的几种调节器都是连续作用的调节器，不仅需要使用能连续反映被测参数变化的检测装置，而且配套的执行器也必须根据调节器输出信号的强弱来改变施加给控制对象的操作变量的大小，这种连续调节系统比位式调节系统要复杂得多。

(2)比例控制

比例控制是最基本的控制规律，它的输出与输入成比例，当负荷变化时克服扰动的能力强，过渡过程时间短，但过程结束时存在余差，而且负荷变化越大余差也越大。

(3)比例积分控制

由于引入的积分作用能够消除余差，所以是使用最多、应用最广的控制规律。但是加入积分作用后要保持原有的稳定性必须加大比例（削弱比例作用）而使最大偏差和振荡周期相应增大，过渡过程时间延长。对于滞后较小，负荷变化不大，工艺上不允许有余差的场合，可以获得较好的控制效果。

(4)比例微分控制

由于引入的微分有超前控制作用，因此能使系统的稳定性增加，最大偏差减小，加快了控制过程，提高了控制质量，适用于过程滞后较大的场合。对于滞后很小和扰动作用频繁的系统不宜采用。

(5)比例积分微分控制

微分作用对于克服滞后有明显效果，在比例基础上增加微分作用能提高系统的稳定性，加上积分作用能消除余差。PID 调节器有三个可以调整的参数,因而可以使系统获得较高的控制质量。它适用于容量滞后大,负荷变化、控制质量要求较高的场合。

(二)多回路系统

有些控制对象动特性比较复杂,滞后和惯性都很大,在采用单回路不能满足要求时,常常在对象本身再设法找一个或几个辅助变量作为辅助控制信号反馈回去,这样就构成了多回路系统。辅助变量的选择原则是它要比被控量变化快,且易于实现。在大多数情况下,往往还选择辅助变量的微分,以便反映变量的变化状况和趋势。比如直流电动机转速控制系统往往选电压和电流作辅助变量,或再加电压微分反馈,形成多路系统。又比如锅炉汽包液面控制也要求引入水量和蒸汽流量作为辅助量而构成多回路系统。

(三)串级系统

串级系统是多回路系统的另一种类型,它由主、副两个控制回路构成,被控量的反馈形成主控回路,另外把一个对被控量起主要影响的变量选作辅助变量形成副回路。串级系统与一般多回路系统的根本区别和主要特点在于副回路的给定值不是常量,是一个变量,其变化情况由被控量通过主调节器来自动校正。因此,副回路的输入是一个任意变化的变量。这就要求副回路是一个随动系统,这样其输出才能随输入的变化而变化,使被控量达到所要求的技术指标。

我们以晶闸管供电的直流电动机调速系统为例来说明串级控制系统的必要性。这时系统的被控对象(广义对象)是一个具有时滞性的大惯性环节。如果我们只采用转速反馈的单回路系统,虽然转速反馈可以克服所有干扰对转速的影响,但由于被控对象的特性,控制质量并不理想。这是因为电源电压的波动和负载的干扰引起的后果,只有等被控量(转速)发生了变化,通过转速反馈回去与给定值比较,产生偏差,然后才能用偏差信号去克服干扰的影响。显然,这是不及时的。为了克服这种控制过程的滞后性,会想到使用微分调节器,但是微分调节器并不能克服滞后特性对控制质量的不利影响,同时微分调节器还有放大噪声的缺点。怎样解决这个问题呢?

我们知道,当电源电压波动或负载改变等干扰出现时,总是引起电动机电流的变化,在电动机启动、制动时,为了得到最大的加速和减速,在起、制动时希望电流保持正的或负的最大值。如果我们把对转速起主要影响的电流做辅助变量,组成一个电流控制回路,当干扰引起电流变化但尚未引起转速变化时,电流控制回路就进行了控制,从而能够更快地克服干扰对转速的影响,这就解决了转速单回路控制过程的滞后问题。如果只要电流控制回路而没有转速控制回路行不行呢?显然是不行的,因为电流控制回路只能保持电流的恒定,而不能保持转速的恒定,只有电流控制回路是不能实现转速控制的。必须两种控制回路同时采用,才能起到互相补充、相辅相成的作用。现在的问题是,这两个控制回路如何构成?转速要求恒定,所以转速给定应为恒值。对电流的要求却不是恒定的了,在起动和制动时,为使电动机尽快升速和减速,希望电动机保持正的或负的最大值;当负载改变时,为使转速保持恒定,也希望电流做相应的改变。所以电流控制回路的给定值应能适应转速的要求,其大小和变化应根据转速来决定。

为使系统不过于复杂,尽量不增加新的随转速而变化的电流给定装置,这时我们把转速调节器的输出作为电流控制回路的给定就可以完成上述要求。从结构上看,是把电流控制回路串在速度回路里了,所以这种控制系统叫作串级控制系统。在直流电动机调速系统中,转速控制回路是主回路,电流控制回路是副回路,相应地,我们把主回路的调节器叫作主调节器,副回路的调节器叫作副调节器。

由于串级控制系统由主、副两个控制回路构成,利用具有快速作用的随动副回路将加在被控对象的干扰在没有影响被控量以前就加以克服,剩余的影响或副回路无法克服的干扰由主回路克服。因此,串级控制系统适用于对象有滞后和惯性较大而且干扰作用较强和频繁的系统。

在拟定串级控制方案时应考虑以下几点:

(1)控制回路应包括主要干扰和尽量多的干扰因素在内,以便减小它们对被控量的影响，提高系统的抗干扰能力。(2)使副控制回路包括系统广义对象的滞后和惯性较小的部分以减小滞后影响和提高副回路的快速性。(3)使主、副回路对象的时间常数适当匹配，一般使之比为3～10。这样包括在副回路的干扰对被控量的影响较小。(4)副回路的选择应考虑在工艺上的合理性与实现上的可能性与经济性。副回路的被控量(副变量)应为决定被控量(主变量)的主要因素。(5)因副变量的给定值需要自动校正而采用串级控制时，被控量和主回路应能及时反映操作条件的变化。副回路应保证副变量快速而准确地跟踪主调节器的输出。

## (四)比值系统

比值系统是使系统中一个或多个变量按给定的比例自动跟随另一个或多个变量的变化而变化的控制系统。比如异步电动机的变频调速系统，要使定子电压与频率成比例地改变，而在低频(低速)时，由于定子电阻压降所占整个阻抗压降的比例增大，如果仍按比例变化，则转矩降低，甚至使电动机无法工作。因此电压与频率必须按一定的函数关系进行变化，这一关系叫作比值系统的控制规律。可见，比值系统的控制规律不一定就是线性比例关系，它可能是一个任意函数关系。这一函数关系是由工艺情况决定的。当然也有要求按一定比例进行控制的，例如加热炉中煤气和空气进入量必须保持一定的比例才能保证理想的燃烧情况。

事实上，比值系统可以看作是更普遍的所谓指标控制系统的一种特例。有时一些工艺过程采用直接可测变量作为控制变量时并不能达到生产上的要求，或者能作为控制变量的量又无法测量，这时必须测量一些间接变量经过一定计算而得到所需要的变量。例如电弧炼钢炉中的功率控制，通过测出电流和电压经乘法计算就可以得到功率，化工或热工生产控制过程中的热培控制也是这类指标控制的例子。

这类系统与一般系统的主要区别在于系统中必须有一个完成比值或指标计算的计算元件。

## (五)复合系统

以上几种都是根据反馈原理组成的控制系统。按反馈原理组成的系统,只有在干扰引起被控量出现偏差以后才能对系统进行控制,也就是当干扰引起“恶果”以后,才来采取纠正的措施比较被动。由于干扰总是引起被控量变化,如果我们直接测量干扰,抢先一步,在事前就把干扰通过一个补偿环节再作用于被控对象,使它产生的作用正好和干扰直接作用在被控对象时产生的作用相反,两者抵消,自然就可以消除干扰的不利影响。因此,把这种方法称为前馈或正馈控制。显然,只有正馈也不能构成理想的系统,往往在采用正馈的同时还采用反馈。这样就组成了既有正馈又有反馈的复合控制系统。

## 六、常用调节器的控制规律

### (一)系统设计与校正

当被控对象给定后,按照被控对象的工作条件,被控信号应具有的最大速度和加速度要求等,可以初步选定执行元件的型式、特性和参数。然后,根据测量精度、抗扰能力、被测信号的物理性质、测量过程中的惯性及非线性度等因素,选择合适的测量变送元件。在此基础上,设计增益可调的前置放大器与功率放大器。这些初步选定的元件以及被控对象适当组合起来,使之满足表征控制精度,阻尼程度和响应速度的性能指标要求。如果通过调整放大器增益后仍然不能全面满足设计要求的性能指标,就需要在系统中增加一些参数及特性可按需要改变的校正装置,使系统性能全面满足设计要求。

校正装置是电气的、机械的、气动的、液压的,或由其他形式的元器件组成。电气的校正装置有无源的和有源的两种,常用的无源校正装置有K－C网络、微分变压器等,应用这种校正装置时,必须注意它在系统中与前后级部件间的阻抗匹配问题。有源校正装置是以运算放大器为核心元件组成的校正网络,通常称之为调节器。调节器具有调节简单、使用方便等优点,被广泛应用于现代控制工程中,本节讨论常用调节器的控制规律。

## (二)常用调节器的控制规律

调节器的功能是按照生产过程中目标值与被控变量的测量值进行比较后得出偏差的正负和大小,按照一定的规律向执行器发出控制信号,使被控变量与目标值相一致。调节器的输出信号随输入的偏差信号的变化而变化的规律就称为控制规律。常用的控制规律有双位控制、比例(P)控制、比例积分(0)控制、比例微分(PD)控制、比例积分微分(PID)控制等几种。不同的控制规律适用于不同要求和特性的工艺生产过程,调节器的控制规律如果选得不合适,可能增加投资费用,也可能不能满足生产工艺要求,甚至造成严重事故,因此必须了解调节器的各种控制规律的特点及其适用条件,才能做出正确的选择。

### 1. 双位控制

双位控制是最早应用,也是最简单的控制规律,调节器的输出只有两个值,当偏差信号大于零(或小于零)时,调节器的输出信号为最大值;反之则调节器的输出信号为最小值。

进一步的思考不难发现,理想的双位控制有一个很大的缺点,即调节器的控制机构(如继电器、电磁阀等)的动作非常频繁,因而使用寿命将大幅缩短,很难保证控制系统的安全可靠运行。实际使用的双位调节器是有中间区的,即当测量值大于或小于目标值时,调节器的输出不会立即变化,只有当偏差达到一定数值时,调节器的输出才会发生突然改变。

由于双位控制是在断续作用下形成等幅振荡过程,一般采用振幅和周期为品质指标。对于双位控制系统来说,若要求振幅小,则周期必然短,执行机构的动作频率增高,其开关部件容易损坏,若延长周期则振幅必然增大,被控变量的波动可能超出允许范围。一般的设计原则是满足振幅在工艺允许范围的前提下,尽量使周期最长。

还要注意的是,对于有时滞的控制系统,当调节器的输出已经切换,在其滞后时间之内,被控变量仍将继续上升或下降,从而使等幅振荡的幅度加大。系统的时滞越大,振荡的幅度也越大,在系统设计时要考虑这个问题。

双位调节器结构简单，容易实现控制，适用于被控对象时间常数较大，负荷变化较小；过程时滞小，工艺允许被控变量在一定范围内波动的场合，如恒温箱、电炉的温度控制以及压缩空气的压力控制、贮槽的液位控制等。

2. 比例控制

在双位控制系统中被控变量不可避免地会出现等幅振荡过程，因此只能适用于控制要求不高的场合。对于大多数控制系统，生产工艺要求在过渡过程结束后，被控变量能稳定在某一个值上，人们从多位控制和人工操作的实践中认识到当调节器的输出变化量与输入变化量(设定值与测量值之间的偏差)成比例时，就能实现这个目标，这就是比例控制。其数字表达式为：

$$\Delta u = Kpe$$

式中，Kp 为调节器的比例放大倍数(或比例增益)；e 为调节器的输入变化量(或偏差信号)；Δu 为调节器的输出变化量。

调节器的输入变化量和输出变化量之间的关系是线性的，但在实际使用中由于执行器的输出变化量是有一定范围的，从而把调节器的输出变化量也限制在一定的范围内。

在工业控制系统中通常使用比例度来代替比例增益。比例度的物理意义为，要使调节器输出变化全量程时，其输入偏差变化量占满量程的百分数。比例度越小，要使调节器输出变化全量程，所对应的输入偏差变化量越小，比例增益就越大。

比例控制虽然可以使系统达到稳定状态，但控制结果存在偏差，即被控变量的设定值与测量值之间有偏差，这是比例控制固有的特性所决定的，因为当系统受到干扰后，调节器的输出必须发生变化才能使系统达到新的平衡；而且只有调节器的输入发生变化，也就是系统的目标值与测量值之间有偏差时调节器的输出才会发生变化，由此可见余差是不可避免的。理论分析和实践经验都证明，余差的大小与比例增益或比例度关系非常密切，比例增益越大，最大偏差就越小，余差也越小，工作周期也越短。

比例增益的选取与控制对象的特性有关，如果对象是较稳定的，即对象的滞后较小，时间常数较大以及放大倍数较小时，比例增益可以取得大一些以提高整个系统的灵敏度，从而得到比较平稳并且余差又不太大的衰减振荡过渡过程；反之如果控制对象的滞后较大，时间常数较小以及放大倍数较大时，比例增益就应该取得小些，否则达不到稳定的要求。

综上所述，比例控制是一种最基本的控制规律，具有反应速度快，控制及时，但控制结果有余差等特点，主要适用于干扰较小、对象的时滞较小而时间常数较大、控制质量要求不高且允许有余差的场合。

3. 比例积分控制

所谓积分控制，就是调节器的输出变化与输入偏差值随时间的积分成正比的控制规律，也就是调节器的输出变化速度与输入偏差值成正比。

从积分控制的数学表达式和特性曲线图上可以看出，输出信号的大小不仅与偏差信号的大小有关，而且还取决于偏差存在的时间长短，当输入偏差出现时，调节器的输出会不断变化，而且偏差存在的时间越长，输出信号的变化量越大，直到偏差等于零时调节器的输出不再增加，此时余差为零，因此积分作用可以消除余差。

与比例控制相比，积分控制不可能及时对偏差加以响应，积分调节器的输出变化量 $\Delta u = K_1 AT$，它是一条通过原点斜率为 A 的直线。当偏差开始出现时，调节器的输出总是从零开始增加，因而总是滞后于偏差的变化，难以对干扰进行及时而有效的抑制，而且积分速度过大往往造成严重超调，使系统发生振荡。

通常工业控制系统中都是将积分控制与比例控制组合成比例积分控制规律来使用，这样既能及时进行控制又能消除余差。

当输入偏差是一个阶跃信号时，由于比例作用的输出与输入偏差成正比，调节器在 t=0 时的输出也是阶跃变化，而此时积分作用输出为零；当 t>0 时，偏差为恒值，所以比例作用的输出也是一个恒值，但积分作用输出则以恒定的速度不断增加，因此比例积分调节器的输出是一条不通过原点的恒定斜率的直线。

从上面的叙述可以知道，积分作用的大小与积分速度 $K_1$ 成正比，也就是与积分时间 T 成反比，即积分时间越小，积分作用越强。从上述公式可以看出当 $t=T_1$ 时有 $\Delta u=2Kpe$，因此当 t=0 时输入发生阶跃变化，记下调节器输出变化的幅值，同时用秒表计时于比调积分调节器既保持了比例调节器响应这及时的就积能消除差，所以适应特性进行选择，使系统的稻调都和稳定性都符创墙产工的时间。

4. 比例微分控制

在比例作用的基础上增加了积分作用后可以消除偏差，但是为了抑制超调必须减小比例增益，使控制系统的整体性能有所下降，特别是当对象滞后很大或负荷变化剧烈时，不能得到及时有效控制，而且偏差变化速度越大，产生的超调就越大，需要更长的控制时间。在这种情况下，可以采用微分控制，因为比例和积分控制都是根据已形成的偏差进行动作的，而微分控制却是根据偏差的变化趋势进行动作的，从而可以抑制偏差增加的速度，缩短恢复稳定状态的过渡时间。

(1)理想微分环节

理想的微分控制是指调节器的输出变化量与输入偏差的变化速度成正比的控制规律。

(2)惯性环节

在单位阶跃信号作用下输出响应为：

$$\Delta u(t)=K(1-eT)$$

惯性环节的特点是：输出量不能瞬间完成与输入量完全一致的变化，即信号的传递存在惯性。

(3)实际微分环节

实际中，微分特性总是含有惯性的，具有这种特性的微分环节叫实际微分环节。实际微分环节的数学表达式为：

$$T_D\frac{d\Delta u}{dt}+\Delta u=T_D\frac{de(t)}{dt}$$

其特点是输出与输入信号对时间的微分成正比，即输出反映了输入信号的变化率，而不反映输入量本身的大小。因此，可由微分环节的输出来反映输入信号的变化趋势，加快系统控制作用的实现。实际微分调节器的输入输出特性。

(4)比例微分环节

由于微分环节的输出只能反映输入信号的变化率，而不能反映输入量本身的大小，故在许多场合无法单独使用，因而常采用比例微分环节，其数学表达式为：

$$\frac{T_D}{K_D}\frac{d\Delta u}{dt}+\Delta u=T_D\frac{de(t)}{dt}+e(t)$$

式中，Kp 为微分增益，To 为微分时间(s)。式中 Kp＞1 时，比例微分环节产生的超前作用大于一阶惯性环节产生的滞后作用，使实际的微分控制规律成指数规律变化的近似微分作用。由于微分作用总是阻止被控变量的变化，尽量使偏差保持不变，因此当被控变量发生突然变化时，微分作用可以在突然改变的一瞬间产生一个强烈的控制作用，使被控变量的波动幅度明显下降，从而使控制系统的超调量减小和稳定性提高，对改善控制系统的控制品质有很好的效果。

还应指出，微分作用的强弱要适当，微分时间太短，则控制作用不够明显；微分时间太长，则又会使控制作用过强，从而引起被控变量大幅度振荡，反而降低了系统的稳定性。比例微分控制适用于对象容量滞后较大的控制系统，例如温度控制系统，适当加入微分作用，可以使控制质量有较明显的提高。

## 第二节 电气自动化控制系统的性能指标评述

控制系统性能的评价分为动态性能指标和稳态性能指标两类，动态性能指标又可分为跟随性能指标和抗扰性能指标。为了评价控制系统时间响应的性能指标，需要研究控制系统在典型输入信号作用下的时间响应过程。

在典型输入信号作用下，任何一个控制系统的时间响应都是由动态过程和稳态过程两部分组成的。首先是动态过程。动态过程又称过渡过程，指系统在典型输入信号作用下，系统输出量从初始状态到最终状态的响应过程。由于实际控制系统具有惯性、摩擦以及其他一些原因，系统输出量不可能完全复现输入量的变化。根据系统结构和参数选择情况，动态过程表现为衰减、发散或等幅振荡形式。显然一个可以实际运行的控制系统，其动态过程必须是衰减的，换句话说，系统必须是稳定的。动态过程除提供系统稳定性的信息外，还可以提供响应速度及阻尼情况等信息。这些信息用动态性能描述。其次是稳态过程。稳态过程指系统在典型输入信号作用下，当时间 t 趋于无穷大时，系统输出量的表现方式。稳态过程又称稳态响应，表征系统输出量最终复现输入量的程度，提供系统有关稳态误差的信息，用稳态性能描述。

### 一、动态性能

稳定是控制系统能够运行的首要条件，因此只有当动态过程趋于稳定时，研究系统的动态性能才有意义。

(一)跟随性能指标

通常在阶跃函数作用下，测定或计算系统的动态性能。一般认为，阶跃输入对系统来说是最严峻的工作状态。如果系统在阶跃函数作用下的动态性能满足要求，那么系统在其他形式的函数作用下，其动态性能也是令人满意的。

描述稳定的系统在单位阶跃函数作用下，动态过程随时间 t 的变化状况的指标，称为动态性能指标。为了便于分析和比较，假定系统在单位阶跃输入信号作用前处于静止状态，而且输出量及其各阶导数均等于零。对于大多数控制系统来说，这种假设是符合实际情况的。单位阶跃响应 c(t)，其动态性能指标通常如下：

延迟时间 td 指响应曲线第一次达到其终值一半所需的时间。

上升时间 tr 指响应从终值 10％上升到终值 90％所需的时间；对于有振荡的系统，也可定义为响应从零第一次上升到终值所需的时间。上升时间是系统响应速度的一种度量。上升时间越短，响应速度越快。

峰值时间 tp 指响应超过其终值到达第一个峰值所需的时间。

调节时间 ts 指响应到达并保持在终值±5％或±2％内所需的时间。

超调量 σ％指响应的最大偏离量。c(tp)与终值 c(0)的差与终值 c(0)比的百分数。

若 c(tp)小于 c(0)则响应无超调。超调量也称为最大超调量或百分比超调量。

上述五个动态性能指标，基本上可以体现系统动态过程的特征。在实际应用中，常用动态性能指标多为上升时间、调节时间和超调值。通常用 tr 或 tp 评价系统的响应速度；用 σ％评价系统的阻尼程度；而 ts 是同时反映响应速度和阻尼程度的综合性能指标。

（二）抗扰性能指标

如果控制系统在稳态运行中受到扰动作用，经历一段动态过程后，又能达到新的稳态，则系统在扰动作用之下的变化情况可用抗扰动性能指标来描述。系统稳定运行中突加一个使输出量降低的负扰动之后的典型过渡过程。

## 二、稳态性能

稳态误差是描述系统稳态性能的一种性能指标，通常在阶跃函数、斜坡函数、加速度函数作用下进行测定或计算。若时间趋于无穷时，系统的输出量不等于输入量的确定函数，则系统存在稳态误差。稳态误差是系统控制精度或抗扰能力的一种度量。

评价控制系统的性能，除了以上动态性能指标和稳态性能指标外，还有以下几个最常用的指标：

### (一)衰减比

衰减比是衡量控制系统过渡过程稳定性的重要动态指标，它的定义是第一个波的振幅 B 与同方向的第二个波的振幅 B′之比，显然对于衰减振荡来说，n>1，n 越小就说明控制系统的振荡越剧烈，稳定度越低；n=1，就是等幅振荡；n 越大，意味着系统的稳定性越好，根据实际经验，以 n=4～10 为宜。有些场合采用衰减率来表示。

### (二)静差

静差即静态偏差，有些场合也称之为余差，它是控制系统过渡过程终结时被控变量实际稳态值与目标值之差，静差是反映控制准确性的一个重要稳定指标。系统受干扰作用的过渡过程，新的稳态值为 c(0)。

还应指出，不是所有的控制系统都要求静差为零，通常只要静差在工艺允许的范围内变化，系统就可以正常运行。

### (三)振荡周期 Tp

系统的过渡过程中，相邻两个同向波峰所经过的时间即振荡一周所需的时间称为振荡周期 Tp，其倒数就是振荡频率 w。

必须指出，这些指标相互之间是有内在联系的，我们应根据生产工艺的具体情况区别对待，对于影响系统稳定和产品质量的主要控制指标应提出严格的要求，在设计和调试过程中优先保证实现，只有这样控制系统才能取得良好的经济效益。

# 参考文献

[1]陈秀梅,徐小力.机械控制工程基础 第4版[M].北京:机械工业出版社,2024.

[2]刘建吉,房永智,刘恩龙.工程机械智能化技术及运用研究[M].北京:北京工业大学出版社,2023.

[3]姚成玉,陈东宁,魏立新.流体传动与控制[M].北京:机械工业出版社,2023.

[4]胡国文,顾春雷,杨晓冬,等.电气与PLC智能控制技术[M].北京:机械工业出版社,2023.

[5]李欣如.机械制造技术及其自动化研究[M].延吉:延边大学出版社,2023.

[6]陆汝钤.人工智能(下)[M].上海:上海科学技术文献出版社,2023.

[7]马英.综采放顶煤液压支架智能控制技术研究[M].北京:应急管理出版社,2023.

[8]田原嫄.数字化制造技术[M].西安:西安电子科学技术大学出版社,2023.

[9]孟范伟,李文超,庞爱平.控制系统设计方法与实例[M].北京:机械工业出版社,2023.

[10]韩芳,封居强,李宁,等.传感器与自动检测系统设计[M].北京:航空工业出版社,2023.

[11]喻彩丽,张亚,蒋晓英.智能检测工程[M].北京:机械工业出版社,2023.

[12]王广胜.木业自动化设备电子产品设计与制作实用教程[M].北京:北京理工大学出版社,2022.

[13]雷亚国,杨彬.大数据驱动的机械装备智能运维理论及应用[M].北京:电子工业出版社,2022.

[14]乔红,褚君浩.类脑智能机器人[M].上海:上海科学技术文献出版社,2022.

[15]闫来清.机械电气自动化控制技术的设计与研究[M].北京:中国原子能出版社,2022.

[16]张良,李首滨,王进军,等.实用智能化采煤控制技术[M].北京:应急管理出版社,2022.

[17]侯玉叶,王赟,晋成龙.机电一体化与智能应用研究[M].长春:吉林科学技术出版社,2022.

[18]刘金琨.智能控制 第5版[M].北京:电子工业出版社,2021.

[19]钱懿.电气控制与PLC技术[M].北京:电子工业出版社,2021.

[20]刘想德,张毅,黄超.现代机械运动控制技术[M].北京:机械工业出版社,2021.

[21]黄健求,韩立发.机械制造技术基础 第3版[M].北京:机械工业出版社,2021.

[22]肖维荣,齐蓉.装备自动化工程设计与实践 第2版[M].北京:机械工业出版社,2021.

[23]刘建春,柯晓龙,林晓辉,等.PLC原理及应用三菱FX5U[M].北京:电子工业出版社,2021.

[24]鲁植雄.机械工程学科导论[M].北京:机械工业出版社,2021.

[25]魏曙光,程晓燕,郭理彬.人工智能在电气工程自动化中的应用探索[M].重庆:重庆大学出版社,2020.

[26]孙福英,赵元,杨玉芳.智能检测技术与应用[M].北京:北京理工大学出版社,2020.

[27]顾德英,罗云林,马淑华.计算机控制技术 第4版[M].北京:北京邮电大学出版社,2020.

[28]黄杰,刘莹.非线性系统与智能控制[M].北京:北京理工大学出版

社,2020.
[29]孟爱华.工业自动化集成控制系统[M].西安:西安电子科技大学出版社,2020.
[30]俞光昀,吴一峰,季菊辉.计算机控制技术 第4版[M].北京:电子工业出版社,2020.